全球物流
200講

物流管理基礎入門教材-適用多　　　性課程

作者序

我為什麼寫這本書？

機遇：我任教的單位為順應市場需求，持續轉型：國貿系→國企系→行銷與流通管理系，物流成為系上的重點項目。

挑戰：當時除了業師之外，全系、全校、全國都缺這個領域的師資，我受到主任的邀約（誘騙）至物流組，沒有適合的教材、沒有專業教室，我本人更只是個會領包裹、寄包裹的百姓，一切從頭來過，一邊教、一邊學…

　⊙ 大量 Google 物流相關資訊

　⊙ 大量蒐集 YouTube 物流相關影片

　⊙ 邀請業師共同教學→物流公司參訪

　⊙ 帶領學生到物流公司實習

令我驚訝的是，被一般人誤解為勞力密集的物流產業，居然進化為先進科技的模範生，IOT 物聯網、Cloud 雲端資料庫、AI 人工智慧、AR 擴充實境、…等等最夯的科技全部在物流產業中能找到完美的應用，這更是今天電子商務、虛實整合得以蓬勃發展的重要因素！本書將以實際的案例、生動的影片來介紹物流產業的發展，希望：

　⊙ 讓學生你：提高學習興致

　⊙ 讓老師您：降低教材準備的負荷

林文恭

2021/03/17 於 知識分享數位資訊

■ 本書輔助教材（投影片）公布於網站：www.gogo123.com.tw
■ 歡迎高中、科大教師邀約（無須鐘點費）
　1. 專題講座　　2. 教學分享
　聯繫資訊：0938013200（手機、Line）

目錄

物流是什麼？

何謂物流？最簡潔的回答就是【物體的流動】，舉例來說：將 A 地盛產的 X 物品搬移到缺少 X 物品的 B 地，如此就可以創造價值。

物流觀念最早出現於軍事行政組織，在中國古代一直被稱為輜重，後來在近代被逐漸改為後勤。

現代的物流概念起源於第二次世界大戰，是美軍後勤理論的原型。當時的「後勤」是指將戰時物資生產、採購、運輸、配給等活動作為一個整體進行統一布置，以求戰略物資補給的費用更低、速度更快、服務更好。

今天我們將「後勤」體系移植到經濟生活中，以實現產品物流的目標，創造商業價值。

原始物流

趕集

漕運

自有人類開始就有物流，物流一直是人類生活中的基本元素，最原始的交易行為「趕集」就是物流，人們為了物質上更多元的滿足，各地的人將自己的東西「搬運」到市集與他人做交換，拿雞換白米，拿豬肉換鐮刀等等，搬運物品的動作就是最原始的物流型態，「運輸」便是物流的第一個要素。

自古以來中國大陸北方便是軍事、政治中心，而南方一向是魚米之鄉盛產糧食，古時候農民是以稻穀繳稅，政府就以河流運輸將南方農民繳交的稻穀運到北方，這些由南方運送到北方的官糧稱為「漕糧」，政府的運輸系統稱為「漕運」，這是古代最大規模的國家運輸。

每天收到農民的稻穀就派出一次運輸船隊是非常沒有效率的，因此先將徵得的稻米儲存於糧倉，等到每年五月再將糧倉中的稻米整批運至北京，藉由倉儲大幅提升物流的效率，「倉儲」便是物流的第二個要素。

 最早國際物流：絲綢之路

西漢張騫出使西域，打通了後世國際貿易之路，從此中國的絲綢、茶葉、文化就經由這條商道傳播到歐洲，這是最經典古代國際物流，近代學者稱之為「絲綢之路」，隨著海運的發展與進步，日後又開發出海上絲綢之路。

中國國家主席習近平所倡導的一帶一路：

⊙ 絲綢之路經濟帶：

  從中國大陸出發，沿著陸上絲綢之路以歐洲為終點。

⊙ 21 世紀海上絲綢之路：

  自中國大陸由沿海港口過南海到印度洋，延伸至歐洲，或是從中國大陸沿海港口過南海到南太平洋。

 課外小常識：絲綢之路不是中國人發明的詞彙，此詞最早出自於德國地理學家費迪南・馮・李希霍芬於 1877 年出版的《中國─我的旅行成果》。

📦 以 10 年為一個世代的物流演進

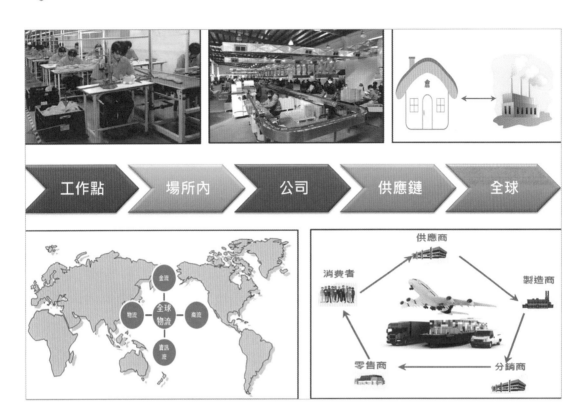

1950	工作點物流，單一工作點上的物料流動。它的目的是要使生產線上實際操作機器的員工、或裝配線上的人員在工作時動作更為流暢。
1960	場所內物流，某一個場所內各個工作點之間的物流，也就是工廠、倉庫或配銷中心等地方。
1970	公司物流，在公司內部不同場所與流程之間的物料或資訊的流動。
1980	供應鏈物流，交通工具（貨車、火車、船、飛機）與物流資訊系統所交錯構成的網路，從供應商的供應商一直到顧客的顧客全部串連。 各種物流作業（顧客回應、存貨管理、供應、運輸及倉儲）將供應鏈的成員一一連結起來。
1990	全球物流，國與國之間，金流、物流、商流、資訊流的整合。 全球物流將供應商的供應商到顧客的顧客進行跨國串連。

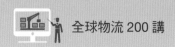

 # 社會型態的改變

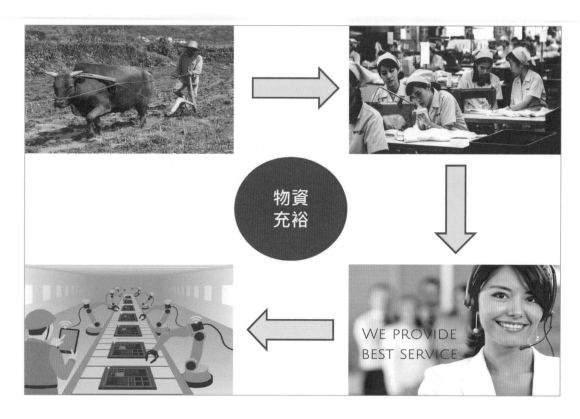

農業社會	人力、獸力生產時代，物資極度缺乏，衣食溫飽是生活最大追求。
工業社會	自動化工廠大幅提高生產效率，是一個大量少樣的市場生態。
服務社會	消費者開始追求個人化，進入少量多樣的市場生態。
智能社會	AI + Cloud，智慧製造與市場需求進行整合，物流效率決定市場成敗。

時代變了、環境變了、消費者需求變了，企業經營方式變了，作為企業後勤補給的物流產業自然也必須跟著轉變。

⊙ 專有名詞：

　　◌ AI：人工智慧（Artificial Intelligent）

　　◌ Cloud：雲端資料庫

產業型態的改變

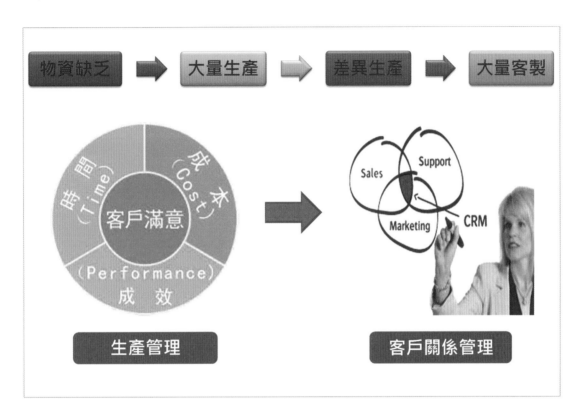

由於產業型態的改變，生產力大幅提升，物資充裕的情況下，產業競爭加劇，從前的企業經營講究的是生產管理，以量產達到物美價廉，這個時期是賣方的市場，今天的企業卻面臨生產過剩問題，企業專注的重心轉移到消費者關係管理，以創造客戶需求為首要任務，如今就是買方市場。

在買方市場中，客戶購物的便利性成為各企業競爭的重點，在實體商務中，無論是大型購物商場或是小型便利超商都蓬勃發展，在電子商務中，消費者使用購物 APP 享受一鍵下單的購物樂趣，這一切都仰賴強大的後勤物流系統。

一星期送達 → 2 天送達 → 8 小時送達 → 市區 2 小時送達

這就是今天以【物流配送效率】為工具的競爭策略！

⊙ 專有名詞：

　○ APP：mobile application，設計給智慧型行動裝置使用的應用程式。

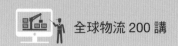

 # 消費者需求的改變

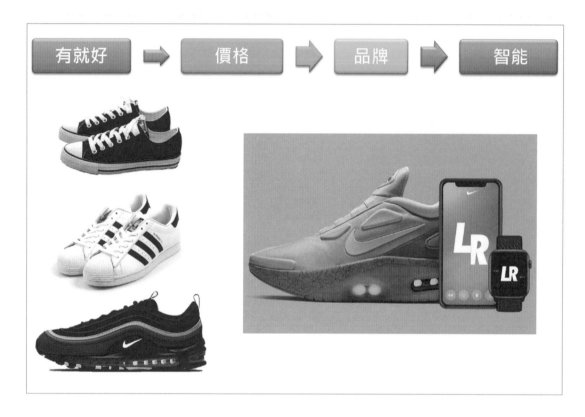

我阿公的時代只有草鞋可以穿,現在的職業婦女上班得考慮:

穿哪一件上衣? → 配哪一件裙子? → 再配哪一雙鞋子?

由物資缺乏到物資氾濫的時代改變下,消費者的需求快速轉移,今天流行的商品,到了下個星期就乏人問津了!因此在服飾業中,快速時尚成為市場的寵兒,所有商品都跟時間在賽跑,整個商品週期:原物料採購 → 設計生產 → 銷售配送,決定成敗關鍵的依然物流效率。

市場由賣方轉變為買方的過程中,顧客成為上帝,縮短客戶等待時間,加快商品配送速度成為電子商務發展的核心競爭力,在商業創新活動 O2O 的虛實整合中,物流配送的低成本、高效益更成為成敗關鍵因素。

⊙ 專有名詞:

○ O2O:虛實整合(On-Line To Off-Line)

物流型態的改變

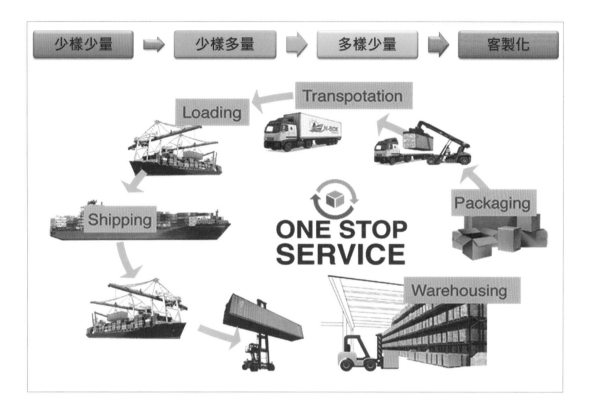

黑貓宅急便的前身「日本大和運輸」開業時只有 3 部貨車，只能提供東京都內百貨業者委託的商業短程運輸，隨著時代的演進，今日全球最大的物流公司（美國 UPS）可以提供一條龍服務，以完全的客製化服務滿足全世界各個地區、各種產業的客戶需求，客戶們只要專心在本業的發展，其餘的後勤補給作業全部由物流公司幫您搞定。

下表是長榮物流服務項目：

物流作業	物流加值	倉儲配送	報關服務
進/出貨作業管理系統	揀貨	物流中心規劃	海空運進出口全通關
存貨管理系統	檢測	特殊倉儲需求	保稅倉庫
訂單管理系統	組裝	設備規劃	保稅及過境轉移
績效控管指標提供	貼標	安全防護	商品分類
全天候作業時間配合	包裝	集貨共配	退稅策略
			證明及檢驗文件申請
			海空運產物保險

物流關鍵 3 要素

◎ 對的地點

在深山中、溪流間的水是沒有價值的，因為源源不絕，無限量供應，如果把水運到平地來，裝瓶擺放在 7-11 那就變成商品，一瓶水的價格可能是 20 元新台幣，如果是運到沙漠去賣，那一瓶水可能是 20 兩黃金，所以物流的第一個要素就是將東西搬運到對的地點：有需求的地點。

◎ 對的時間

如果我現在不渴，對水的需求很低，我就不願意花錢買水，如果現在我剛跑完馬拉松，對水的需求就很高，儘管價格較高我也願意買，如果將水賣給一個快渴死的人，他可能願意付出一切來交換一瓶水，因此物流的第二個要素就是在對的時間搬運商品：有需求的時間點。

◎ 合宜的方式

人、事、時、地、物不同，物流的決策就會不同，「合宜的方式」是隨著時代演進與需求對象不同而改變的！

物流投資的抉擇

個人　優點：投資小、即時
缺點：效率極差

企業　優點：效率高
缺點：投資大

政府　優點：永續經營
缺點：時間、資金巨大

3 種深山取水方式分析：

方式	優點	缺點
挑水下山	立即可行	費力又費時、不符合經濟效益
開車運水	省時、省力	必須開闢產業道路、必須籌措資本開路買車
拉管線到家	方便、便宜	工程可能耗費 10 年、經費可能高達數十億元

需求角色分析：

◎ 少林寺：武僧身強體壯，平日得練功鍛鍊身體，因此挑水方案是最佳的。

◎ 水業者：由於是提供食用水，水質較優、經濟價值較高，因此以車運水是立即可行的方案。

◎ 政府：水是民生、工業、商業、農業的必需品，政府必須做長遠規劃，尋求最經濟最穩定的水資源管理，因此自來水管線工程雖然投資金額大、工時長，但卻能提供最經濟穩健的供水服務。

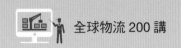

物流管理：7 個正確

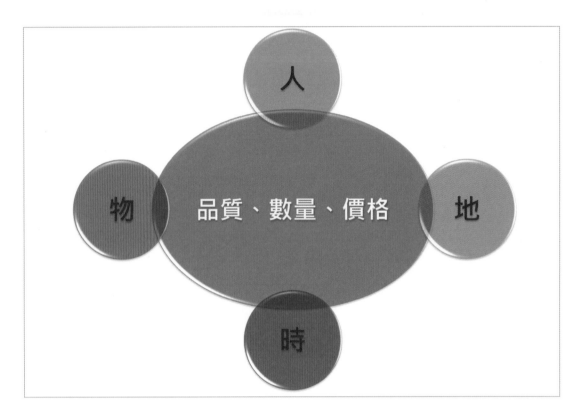

什麼是優質的物流？如何評斷物流的績效？以下的「7 個正確」是物流管理的基本元素：

- ⟩ 人：要將商品送到對的人手上

- ⟩ 地：要將商品送到對的地點

- ⟩ 時：要將商品準時送達

- ⟩ 物：運送的東西要正確

（以上 4 個要素是絕對沒有模糊空間，要求 100% 達成。）

- ⟩ 品質：運送的過程要保持商品狀況要良好。

- ⟩ 數量：運送的過程商品數量不可以短缺。

- ⟩ 價格：運送成本必須符合經濟效益。

（以上 3 個要素要求精益求精，以不斷的進步提供更優質的服務。）

物流的範圍

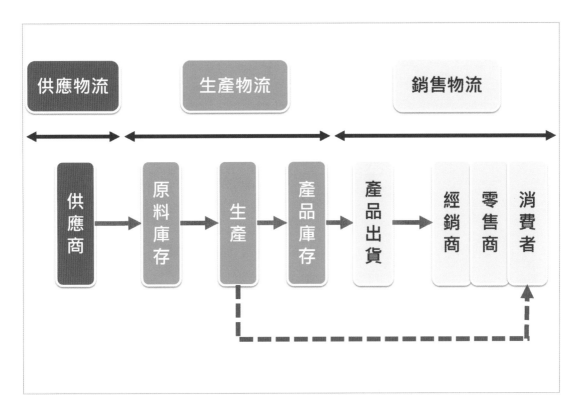

以台灣鋼鐵業為例，完整供應鏈如下：

上游原料	由國外進口鐵礦砂，以海運方式運抵高雄港，再以陸運方式運輸至煉鋼廠。	
中游生產	鐵礦砂在煉鋼之前，是先堆放於倉儲區，再分批提取煉製，倉儲區域與工廠之間礦砂的搬運，製成鋼品後外銷全世界，以海運運送至全世界各大港口。	
下游銷售	鋼品代理商在港口提取商品後，將商品運送到倉庫存放，或運送至門市銷售，或直接配送至客戶處。	

物流產業 4 大主軸：運輸

所謂運輸就是商品的搬移，服務種類非常多樣化，分析如下：

> 工具

　　根據搬運物體載具不同，運輸方式可分為：

　　陸地、海上、航空、河流、管線等。

> 距離

　　根據運輸路線長短，運輸方式可分為：

　　地區性短程、全國性中程、跨國性長程。

> 時間

　　根據送達時間長短，運輸方式可分為：

　　30 分鐘：商業文書、24 小時：都會小包、隔日：全國包裹

　　隔週：國際包裹。

物流產業 4 大主軸：倉儲

流通領域倉庫：

物流中心 （Logistics Center）	是一個較為大型的物流節點，大多設立在交通樞紐位置，例如：機場、海港、火車站、高速公路交流道，具有：實現訂貨、咨詢、取貨、包裝、倉儲、裝卸、中轉、配載、送貨等物流服務的基礎設施、移動設備、通信設備、控制設備，以及相應的組織結構和經營方式。
配送中心 （Distribution Center）	是一種較為小型的物流結點，除了倉儲功能之外，它真正的作用是配送能力，是一個流通倉庫，也稱作基地、據點或流通中心。配送中心的目的是降低運輸成本、減少銷售機會的損失。

生產領域倉庫：

儲存型（Storage）	原材料、在製品的存放。
倉儲（Warehousing）	最終成品和產品的存放。

物流產業 4 大主軸：流通加工

禮盒包裝

流通加工的目的是調和工廠所生產的產品與消費市場所需要產品的差異，透過簡單的加工步驟讓產品更符合市場需求，進而提升物流效率。

舉例來說，工廠最有效率的運作就是大量生產，生產的貨品為了運輸效率考量，一般都會採取工業包裝〈大量包裝〉，這與市場上消費的行銷包裝〈小量包裝〉是完全不同，因此商品在進入市場之前通常必須做改頭換面（改包裝）或美顏護膚（標價、貼標）的工作。

物流產業 4 大主軸：通關

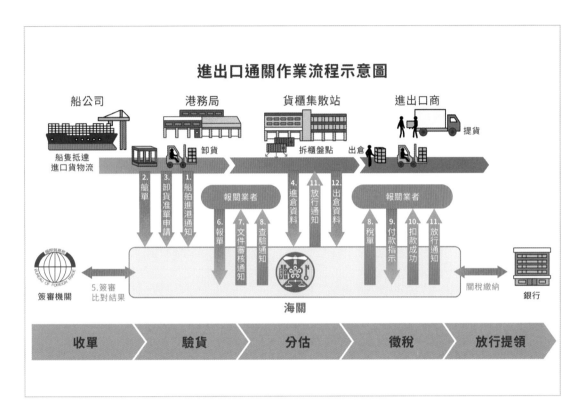

進出口通關作業流程示意圖

在國際貿易流程中，商品進口、出口都必須向海關提出申請，由各國海關進行各項程序審核後放行，進出口通關流程如下：

⊘ 進口：(1) 收單 → (2) 分估 → (3) 驗貨 → (4) 徵稅 → (5) 放行

⊘ 出口：(1) 收單 → (2) 驗貨 → (3) 分估 → (4) 放行

徵稅	由於各國政府鼓勵出口賺取外匯，因此多數只有進口時徵稅。
收單	進出口貨物都必須向海關提出申報，報關人利用電腦傳輸出口貨的出口報單資料給海關。
分估	為加速進口貨物通關，依貨品之性質，分估方式分為三種： (1) 即核即放 (2) 先核後放 (3) 先放後核
驗貨	(1) 查核實到貨物與進出口申報是否相符。 (2) 作為核定稅額及完稅價格之依據。
放行	查驗貨物，並在納稅義務人繳納關稅後，在貨運單據上簽印放行。

習題

( ) 1. 有關物流的敘述，以下哪一個項目是錯誤的？

    (A) 物流是現代創新應用　　　(B) 輜重是古代物流的名詞

    (C) 起源於軍事管理　　　　　(D) 是由軍事後勤作業衍伸而來

( ) 2. 有關原始物流的敘述，以下哪一個項目是錯誤的？

    (A) 運輸是物流第一要素

    (B) 中國由北往南運輸的官糧稱為漕糧

    (C) 倉儲是物流第二要素

    (D) 趕集就是一種物流

( ) 3. 有關中國一帶一路的敘述，以下哪一個項目是錯誤的？

    (A) 絲綢之路經濟帶

    (B) 21 世紀海上絲綢之路

    (C) 絲綢之路一詞起源於中國

    (D) 中國國家主席習近平所倡導

( ) 4. 有關物流 10 年一個世代的演進的敘述，以下哪一個項目是錯誤的？

    (A) 工作點物流是最原始的

    (B) 場所內物流不包含跨場域整合

    (C) 全球物流跨國整合：金流、物流、商流、資訊流

    (D) 目前處於供應鏈物流階段

( ) 5. 有關各種社會型態的敘述，以下哪一個項目是錯誤的？

    (A) 農業社會物足民豐

    (B) 工業社會大量生產

    (C) 服務社會消費者追求個人化

    (D) 智能社會物流效率決定市場成敗

( ) 6. 以下敘述，哪一個項目是錯誤的？

    (A) 生產管理專注於物美價廉

    (B) 賣方市場中消費者就是上帝

    (C) 消費者關係專注於創造客戶需求

    (D) 買方市場中購物的便利性是競爭的重點

( ) 7. 以下有關 O2O 的敘述，哪一個項目是錯誤的？

    (A) O2O 是虛實整合   (B) 高效率物流是成敗關鍵

    (C) O2O 是 Office To Office   (D) 低成本物流是成敗關鍵

( ) 8. 以下有關今日物流公司提供服務的服務，哪一個項目是錯誤的？

    (A) 跨國服務   (B) 一條龍服務

    (C) 報關服務   (D) 市場行銷

( ) 9. 以下哪一個項目不是物流 3 要素之一？

    (A) 對的價格   (B) 對的地點

    (C) 對的時間   (D) 合宜的方式

( ) 10. 本書有關於水運輸的投資決策案例敘述，以下哪一個項目是錯誤的？

    (A) 少林寺採取挑水方案   (B) 飲用水公司採取挖井策略

    (C) 政府採取水管基礎建設   (D) 以車運水符合中期經濟效益

( ) 11. 以下有關優質物流的「7 個正確」的敘述，哪一個項目是錯誤的？

    (A) 地：要將商品送到對的地點

    (B) 時：要將商品準時送達

    (C) 品質：配送商品服務品質要高

    (D) 價格：運送成本必須符合經濟效益

( ) 12. 以下哪一個項目不是物流 3 個主要範疇之一？

    (A) 供應物流   (B) 生產物流

    (C) 銷售物流   (D) 行銷物流

( ) 13. 以下有關運輸方式的敘述，哪一個項目是錯誤的？

    (A) 管線天然氣不屬於運輸

    (B) 地區性運輸屬於短程

    (C) 運輸方式亦可按照時間長短分類

    (D) 辦公室文件遞送也是物流的一環

（　　）14. 以下有關倉儲分類方式的敘述，哪一個項目是錯誤的？

　　(A) 物流中心屬於流通類型　　　　(B) 配送中心屬於生產領域

　　(C) 原材料儲存屬於生產領域　　　(D) 產品儲存屬於生產領域

（　　）15. 以下有關流通加工的敘述，哪一個項目是錯誤的？

　　(A) 工業包裝可提高運輸效率

　　(B) 工業包裝可提高倉儲效率

　　(C) 行銷包裝又稱為大量包裝

　　(D) 行銷包裝是為了滿足消費者喜好

（　　）16. 以下有關通關作業的敘述，哪一個項目是錯誤的？

　　(A) 多數政府鼓勵出口貿易

　　(B) 徵進口稅是保護國內企業的手段

　　(C) 驗貨步驟是核定稅額的依據

　　(D) 出口獎勵是扶植國內業者的最佳策略

生活的物流

日常生活 5 件事：食、衣、住、行、育樂，全部要仰賴物流，萬一物流中斷了…，生活也過不下去了！舉例看看：

〉 大樓停電，中高樓層住戶爬斷腿，停電 → 停水，煮飯、盥洗…

〉 社區斷水、斷電…，毫無懸念

〉 颱風來襲，山區交通中斷，蔬菜水果無法運下山…

〉 國際原料價格大漲，廠商囤積貨物，消費者瘋搶物資…

〉 疫情肆虐，全球空運中斷，各城市封城…

以上事件由小到大，不同程度影響現代人的生活，越文明的社會受創越重，社會演進所帶來的生活方便，讓我們的生活型態…回不去了！

生活息息相關

早上醒來打開水龍頭，自來水嘩啦嘩啦流出來供你洗臉、刷牙，這就是物流！是嗎？你可別欺負我書讀得少，呼嚨我！這是哪一門子物流？「管線」將水由水廠運送到你家，這不就是物流！一天的生活哪一項可以離開物流？

⊙ 到早餐店買早餐，小發財車的司機扛著一箱蛋送進早餐店。

⊙ 中午在學校餐廳吃飯，餐廳中使用的蔬菜、肉品，都是由市場一箱一箱、一籠一籠送過來的。

⊙ 上完體育課，到超商買一瓶水喝，超商中所有東西也都是由物流中心運送過來的。

⊙ 晚上回家媽媽為了犒賞全家一天的辛勞，打電話訂購 PIZZA，30 分鐘內準時送達，熱烘烘、香脆脆的。

⊙ 哥哥上網訂了一雙球鞋，也是依賴物流配送到家。

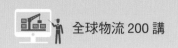

 # 7-11：通路

全球	日本	中國	臺灣	香港	新加
68,236	20,904	1,882	5,443	959	393

2019年3月

便利商店賣你商品、更賣你便利，有商流、物流、金流，更包含資訊流，一天大小事全部都在便利商店搞定了。

便利商店中的商品包羅萬象：日用品、書報雜誌、飲料、鮮食、冰品，生活上使用頻率較高的東西在便利超商幾乎都找得到，全年24小時無休，只要你有需要便利超商的門永遠是開著的，在台灣都會區中，每一條巷子都可找到便利商店，即便是在偏鄉，便利商店也無所不在，最近，連最偏僻的蘭嶼也開了7-11。

無論何時、何地，便利商店始終在你身邊！

半夜、街道上冷冷清清，一個明亮的招牌，一部貨車，司機推著推車，一箱一箱的將商品搬進便利超商的庫房中。

全台 12,000 個物流中心

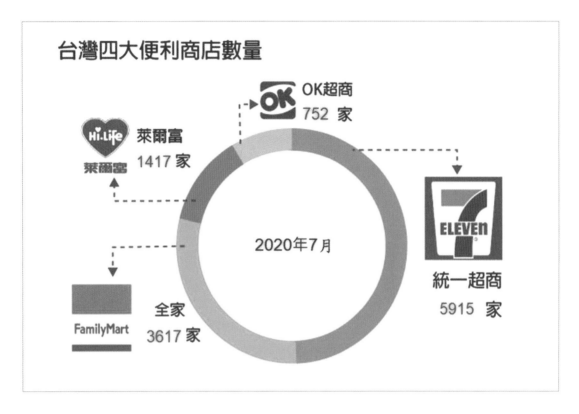

台灣四大便利商店數量

OK超商 752 家

萊爾富 1417 家

2020年7月

統一超商 5915 家

全家 3617 家

許多外國人在台灣居住一段時間回到母國後，對台灣最大的懷念居然是「便利商店」，因為真的太方便了，平均 2,000 個人就有一家便利商店，以都會區而言就是巷頭一家、巷尾一家。

在台灣便利商店中：繳費方便、寄東西方便、影印方便、買票方便，便利商店成為社區的生活中心，電商時代崛起，物流點的便利性就是成敗關鍵，網路上買東西很方便，線上付款會有詐騙的疑慮，家中領取貨物會有時間配合問題，台灣超高密度的便利商店，便成為電子商務物流點最佳解決方案。

新冠肺炎初期，線上預約口罩、繳款、取貨，就是藉由便利超商整合所有服務，更解決了街頭巷尾在藥房門口排隊買口罩的亂象，為了刺激經濟，行政院發放的振興三倍券也是透過便利商店有效率地完成任務。

7-11：物流系統

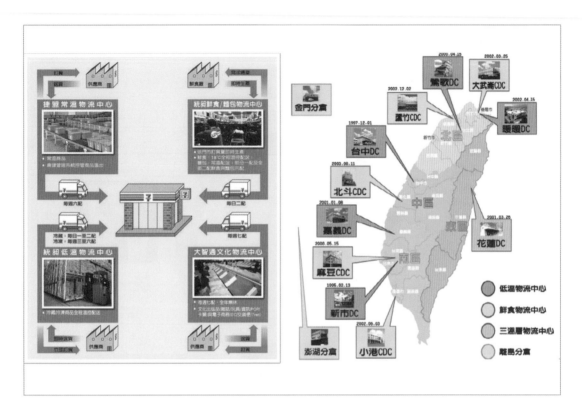

統一超商之下設有 4 家物流公司，分別負責不同商品類型的倉儲、配送與物流加工，列表如下：

物流中心	配送週期	溫控
大智通文化	每週 6 次	常溫
捷盟常溫	每週 6 次	常溫
統昶鮮食、麵包	每日 2 次	18℃ 全程溫控
統昶低溫	冷藏：每日 1~2 次	4℃ 全程溫控
	冷凍：每週 3~6 次	-18℃ 全程溫控

右上圖是統昶物流的網路據點：

- ⊙ DC：Distribution Center 配送中心

- ⊙ CDC：Catalog Distribution Center 直銷商配送中心

商品溫層與冷鏈物流

由左上圖可知：除常溫商品外，便利商店中絕對多數的商品是需要做溫度控制的，因此便利商店內一大堆：冰箱、冰廚、冷凍櫃，當然，運送過程中同樣需要具有溫度控制功能的冷凍車，以確保全程溫控。

由右圖數據可知：飲料 + 食品佔超商營收比例約 56%，而這兩類商品都需要冷藏或冷凍，尤其是食品，若無法維持溫度恆定，輕則商品品質下降，重則引起食安問題，因此冷鏈物流對於生鮮食品的運送、儲藏是相當重要的。

新冠疫情席捲全球的同時，連肺炎疫苗的保存、運送都需要依賴可靠的冷鏈物流。

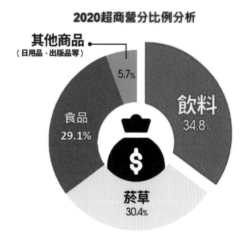

2020超商營分比例分析

其他商品
（日用品、出版品等）
5.7%

飲料
34.8%

食品
29.1%

菸草
30.4%

甘仔店 → 便利商店

今天的統一超商風光亮麗，是國內數一數二的優質企業，但你知道嗎？在沒有便利超商的時代，人們購買民生用品、柴米油鹽都是到「柑仔店」，柑仔店是一種舊式的便利超商，店內商品的品項比現代的便利超商還多元，由於服務的都是街頭巷尾的鄰居，因此也是一個聊是非的情報交換中心，由於人際關係很密切，因此可以賒帳，媽媽常會叫女兒去柑仔店買一瓶醬油，爸爸叫兒子去買一包菸（當時沒有菸害防治法），東西比現在便利超商便宜，但沒有24小時營業。

隨著都會生活快速發展，人們的購物習慣發生了重大改變，【便利】的考量超越了【銅板】，開在馬路邊的便利超商比巷子內的柑仔店方便多了，制式規劃的購物環境更比雜亂的柑仔店舒服多了，更隨著收入的提高，年輕一代的消費者願意花小錢買便利。

便利商店遍布於大街小巷更進一步提高購物的方便性，除了商品更提供各式各樣的繳費、購票業務，柑仔店的角色完全消失了！

24 小時營業模式

一般人的工作時間是朝九晚五，晚上 10~12 點就上床睡覺了，7-11 營業時間全天 24 小時不打烊，有誰會在深夜上門買東西呢？深夜的營業額足以支付夜間成本嗎？

◎ 白天的都市交通是繁忙、擁擠、沒效率的，因此白天在街道上的運輸成本非常高，利用寂靜的深夜來進行運輸作業，將可以大大降低運輸成本，所以你會看到 7-11 的補貨作業幾乎都在半夜進行，7-11 需要補貨，各行各業也需要補貨，例如：菜市場、魚市場、送報紙、送牛奶，都是利用深夜、凌晨來進行運輸、配送。

◎ 都會區夜貓族的興起，除了 7-11 是 24 小時營業外，許多營業場所，例如：KTV、舞廳、電影院、誠品書店…，也都配合夜貓消費族群而經營到凌晨或採取 24 小時經營。

◎ 深夜、凌晨的消費來客數自然是比不上白天，但白天由於生意繁忙，半夜的清閒時刻正是一家店進行進貨、整備、補貨、清潔的最佳時機。

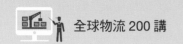
 ## 達美樂 -85252

都會區的發展使得小家庭的生活型態成為主流，家庭收入型態也以雙薪為主，夫妻兩人下班後，搭車回到家中已是精疲力盡，家中小孩也早已等得飢腸轆轆，因此很多家庭會選擇在外用餐，或購買現成食物回家，外食產業也因此蓬勃發展，總而言之，都市人是忙到連煮飯的力氣、時間都沒了！

筆者很喜歡吃 PIZZA，尤其是龍蝦、夏威夷口味，每個月都會消費個一兩次，上網訂購很方便，30 分鐘內熱騰騰、香脆脆的 PIZZA 就送到你家門口，30 分鐘內無法送達即贈送 100 元折價券，筆者的老婆勤儉持家，每次訂 PIZZA 一定緊盯著時鐘，心中默念：遲到…遲到…，就是想拗到 100 元折價券！

台北市的面積有多大？最遠的距離有多遠？交通擁擠時如何能夠使命必達？生意太好 PIZZA 來不及烤、來不及送怎麼辦？這一連串的問題都是經營 PIZZA 連鎖店必須考量的，也有人會說：「30 分鐘若無法送達，改成 1 小時內送達不就得了！」，這可就是外行人的想法了，PIZZA 若不是熱烘烘、餅皮若不酥脆，根本就不會有人愛吃，這就是必須堅持 30 分鐘內送達的鐵律。

分店數量規劃

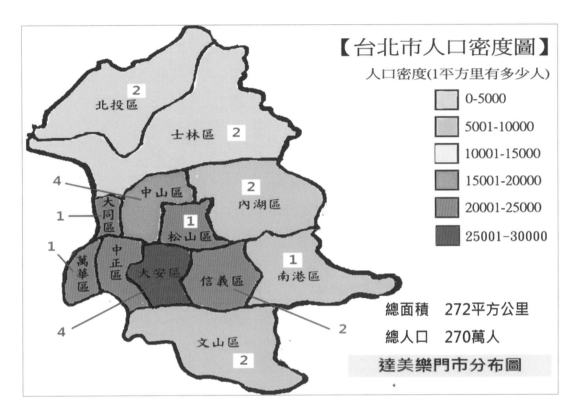

【台北市人口密度圖】

人口密度(1平方里有多少人)

- 0-5000
- 5001-10000
- 10001-15000
- 15001-20000
- 20001-25000
- 25001-30000

總面積　272平方公里
總人口　270萬人

達美樂門市分布圖

可愛的丫達就建議了：

⊙ 在台北的每一條大街上都開一家連鎖店

⊙ 每一家店聘請 100 個員工不就得了

保證任何地點、時間下訂單都可準時送達！

結果 3 個月後所有連鎖店都倒閉了，為什麼呢？每一家店如果沒有足夠的訂單，營業收入不足以支付經營成本，PIZZA 店自然得倒閉。

如何以最經濟的方式設立 PIZZA 連鎖店呢？店數不會太多 → 每一家有足夠的訂單，每一家的距離不會太遠 → 30 分鐘內可以送達！這就是我們需要學的物流規劃。

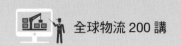

 # 分店地點的規劃

首先我們必須先調查：

⊙ 台北市面積有多大，人口數有多少？各區人口密度？

⊙ 各地區市民的收入水平與消費習慣，是否可以負擔 PIZZA 的價格？是否喜愛 PIZZA 的口味？

⊙ 一家店的基本營銷成本是多少？每一個月必須達成多少營業額？

⊙ 用餐時間，交通擁塞的情況下，使用哪一種運輸工具最有效率？一趟出車可以送幾家？可以跑多遠的距離？

經過精準計算規劃後，仍然時常會遇到臨時大量的訂單，還是有可能延誤配送 PIZZA 的黃金 30 分鐘，這時 100 元折價券，就可順利將客戶因送餐延遲的不滿意轉化為小確幸，卻帶來下一次訂餐的機會，這就是高明的行銷：「讓客戶佔便宜」！

餐飲外送

點餐外送是餐廳為擴張生意所提供的服務，在傳統商務中有 2 個問題：

> 生意規模不夠大的餐廳請不起專屬送餐人員

> 送餐人員同一時段只能為一家店送餐，效率低收入有限

物聯網時代來臨，點餐 APP 整合：餐廳、消費者、送餐人員，以上 2 個問題輕易解決了，更創造以下效益：

> 一條路線上可服務多個商家、多個客戶，創造物流效率。

> 提高物流效率後，運送費用大幅降低，客戶、餐廳雙贏。

> 餐點配送人員的薪資採累計加點，因此配送員的工作積極性提高。

> 餐廳經營可以產生以下 3 個可能效益：

　　1. 店面縮小節省租金　2. 改為無店面經營　3. 提高坪效。

> 新冠疫情期間，餐點外送服務可降低餐廳內群聚感染的風險。

33

都會配送點演進

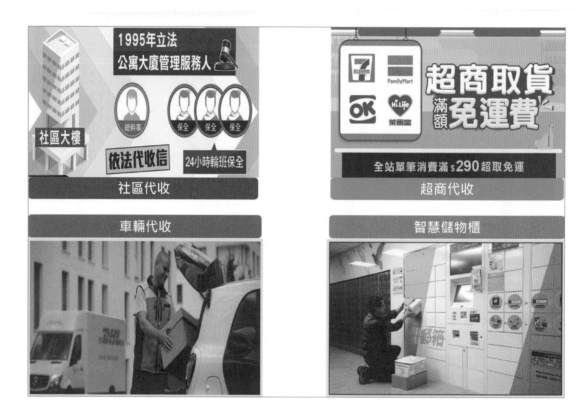

在都會區中：交通堵塞、停車困難、無人在家、...，簽收包裹的問題一籮筐，物流成本大幅提高，以下是目前的解決方案：

⊙ 為提高商業運轉效率，政府於 1995 年立法通過「公寓大廈管理服務人」法案，從此公寓大廈管理員就可以代替住戶簽收郵件包裹。

⊙ 台灣 12,000 家便利超商都提供貨到付款的提貨服務，成為廠商與一般消費者的最佳中繼站。

⊙ 物聯網技術的創新，產生以下 2 個新的應用：

1. 中華郵政在各交通樞紐、大型社區，設立智慧儲物櫃，收件人根據簡訊中的提取密碼，就可由智慧儲物櫃中提取郵件包裹，對於注重個人隱私及無人可代收郵件者提供很大的便利。

2. 收貨人將車子的定位及後車廂開鎖密碼傳給送貨的物流人員，物流車直接開到停車場中，將貨品放入收貨人車子的後車廂中。

高齡化、獨居 → 社區發展 → 物流產業

亞洲國家：日本 → 台灣 → 大陸，在歷經不正常的高速經濟發展之後，社會發展都出現不良的副作用：少子化導致高齡化。

在高齡化社會中，稀少的子女根本沒有能力照顧眾多父母，再加上都會化生活演進，子女與父母分開居住的比例相當高，台灣目前的解決方案：引進看護外勞，但只有完全無行為能力的老人可提出申請。

買菜、用餐、購物對於老人來說，在無人協助的情況下，這些日常活動都是相當困難的，物流是降低老人生活不便的最直接方案：

⟩ 餐點外送平台。

⟩ 超商、超市、百貨商場、電商平台、…，全部提供物流配送。

⟩ 叫車平台提供方便的出行服務。

除了生活物資的配送便利外，老人的日常照護更可透過物聯網科技與社群平台，如同物流服務一般，整合志工、政府資源、社區老人，將老人照護落實於社區發展才是人口高齡化的解決方案。

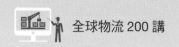

逆向物流

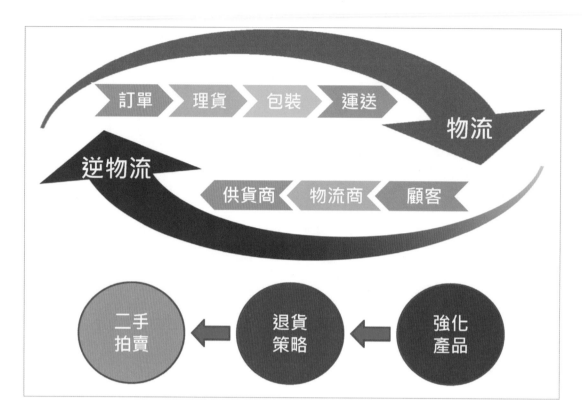

電子商務 + 以客為尊 → 大量退貨！

商品退貨我們稱為逆向物流，商品將由消費者端回流至供應商，退貨商品的種類繁雜難以達到自動化處理的規模，再加上：退貨原因確認、商品維修、包裝整理、帳務處理、客服業務，這一切都將產生巨大的成本。

降低逆向物流發生率是所有供貨商提高獲利的基本課題，解決方案如下：

⊙ 強化商品資訊、產品品質：

　　提高消費者選購商品的正確率，降低產品瑕疵的退貨率。

⊙ 退貨策略：

　　一般顧客：以瑕疵品作商品折價　　VIP 會員：以贈品處理免退回

⊙ 二手商品：

　　委託第三方專業機構：回收退貨 → 維修 → 整理，以二手貨回歸市場。

回收物流

台灣於民國 94 年開始實施垃圾強制分類，這是一個由貧窮跨入富裕的分水嶺，更是教育、環保、經濟、產業實力整合的體現。

垃圾分類的效益：

> 垃圾量大幅降低：

垃圾掩埋場、焚化爐業務量大幅降低，環境汙染、空氣汙染大幅降低。

> 資源回收產業鏈規模化：

由於民眾的垃圾分類習慣，資源回收物的分類成本大幅降低，資源回收物的數量更是大幅提高，讓資源回收達到產業經濟規模。

> 社會公益：

經濟發展創造了富人，也產生了弱勢的窮人，資源回收是一個一般人不願意從事的 3K 產業，但對於弱勢窮人卻是救命的稻草，目前台灣就有許多公益團體投入環保回收產業。

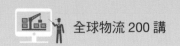

 ## 廢棄物煉金術

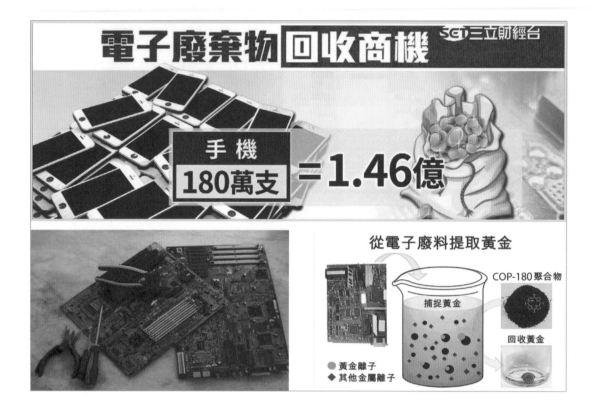

電子通訊產品推陳出新，以一般消費的習慣而言，大約每 2 年換一支手機，有些人是因為產品效能問題而買新手機，但更多人是因為流行而換手機，這就是行銷的威力。

電子通訊產品由於效能的考量，電子線路中使用了大量的貴金屬，例如：黃金，透過高階的廢棄金屬溶解技術，廢棄的電子通訊產品可以重新回收貴金屬，這是一個現代版點石成金的產業。

環保是一種對於生活環境的要求，環保更需要付出高昂的成本，發展中國家，在追求短期快速增長的目標下，由於低價接單，便以犧牲環境保護為代價，環境保護與經濟發展被視為對立的議題，反觀歐美已開發國家卻將環保視為一個重要產業，歐盟更是環保產業的領頭羊，所有廠商為了進入歐盟市場，都必須進行產業升級以符合嚴苛的環保條件，這是一種產業發展與環境保護的雙贏典範。

大型家具回收 → 再製

筆者小時候常看到路邊有修理雨傘的、維修電器產品的,現在雨傘一把 99 元,壞了需要修理嗎?自動化生產的結果:產品價格降低了、人工變貴了!因此許多產品的維修市場消失了,但大型家具卻是一個異數!

補 2 根釘子、重新上漆、換一個墊子、…,舊家具透過簡易的維修、保養就被賦予新生命,重新進入二手市場,大幅降低原物料的需求,更大幅降低廢棄物處理成本,更有巧思者,結合舊家具與文創風,讓舊家具變身為「古色古香」的創意商品!

大型家具回收再利用的成功,取決於政府環保清潔隊的服務創新:

1. 民眾方便:一通電話隔天即到。

2. 維修業務:培訓清潔隊員簡易家具維修技術。

3. 二手市場:以維修後家具為商品,提供民眾認購。

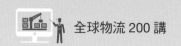

 # 產品過度包裝

環保署在 2005 年就依《資源回收再利用法》公告《限制產品過度包裝》規範，明訂糕餅、加工食品、單元產品等 13 類產品的包裝限制，最高不得超過三層，且包裝與產品的體積比值不得大於一，意即為包裝的總體積不能大於產品的總體積。

2019 年 9 月台北市環保局稽查中秋禮盒，結果：17 件產品中查獲 7 件禮盒違反相關規定，包含快車肉乾、紅帽子等知名品牌，皆已依違反《資源回收再利用法》逕行告發，最高可處新台幣 15 萬元罰鍰。

除了靠政府把關，也有消費者發起「買餅還盒」的活動，將完好、乾淨的盒子還給店家，且店家也同意取回再做使用，除了包裝上的浪費，為了禮數情誼而過度購買的月餅，佳節過完以後很可能變成廚餘。

麥當勞、丹堤咖啡、…等知名餐飲集團，目前都推出自備飲料杯現金折扣或集點優惠的活動，為環保盡一份心力的同時更塑造企業公益形象。

7-11：虧損 7 年

引進品牌：1978 ～ 1986
通路擴展：1987~2000年
異業結合：2001至現今

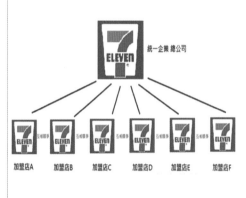

1978 ~ 1986	草創期 由徐重仁先生將 7-11 由美國引進台灣，初期對於商品的界定、顧客的定位都不明確，在長期虧損下體認到通路的重要性，於是決定發展出屬於自己的通路模式來銷售統一企業的品牌商品。
1987~2000	通路擴展穩定期 以快速的拓展店面為首要目標，從社區門市到馬路街道都看得到 7-11 的蹤影。
2001 至現今	異業結合成長期，持續擴展分店、不斷的增加創意，製造新話題吸引消費者， 如：結合 i-bon、i-cash 卡、集點送贈品…等，讓 7-11 發揮 多的創意與創新。

統一超商堅持持續投資的策略，在虧損 7 年後終於反虧為盈，同時也確立了產業龍頭的地位，因為競爭者想要進入這個產業將需要更大資本與時間的投入，你仔細觀察一下，大馬路口的三角窗店面是不是大多被統一超商占據了！

物流產業：資金成本 + 時間成本

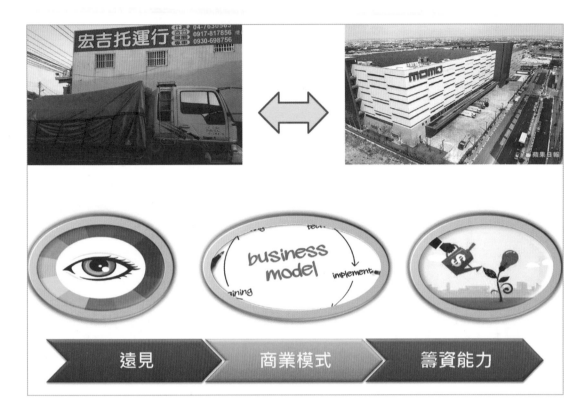

幾部卡車 + 幾個司機就可以成立物流公司，不是！那只能稱為貨運公司，是完全沒有技術、資金、經驗等競爭門檻的公司，這也是一般人的創業觀念！

我們看看 UPS（優比速服務）、FedEx（聯邦快遞），幾乎壟斷了全世界的國際物流，國內的物流廠商只能從事區域型的物流業務，遇到跨國空運業務都得轉包給 UPS 或 FedEx，少數幾家國際物流公司寡占著獲利豐厚的國際物流市場，而為數眾多國內物流公司卻只能搶食毛利極低的區域性物流市場，為什麼？還是一樣的邏輯，「規模、通路、創意、獨特、服務、品牌」這些都是國內物流業所缺乏的，若永遠抱持「勤儉持家」的創業理念，企業必定沉淪在低毛利的殺價競爭模式中。

台積電 1986 年成立，由一家默默無名的公司，歷經三十多年的持續技術研發，幹掉 INTEL、打趴三星，目前已成為全球最大半導體公司，憑藉的就是：誠信經營、每年百億美金資本支出。

習題

( ) 1. 以下有關生活物流的敘述，哪一個項目是錯誤的？

(A) 陸橋中斷不屬於物流範疇

(B) 疫情氾濫嚴重影物流

(C) 停水、停電將會中斷物流

(D) 極端氣候對物流嚴重影響物流

( ) 2. 以下有關生活物流的敘述，哪一個項目是錯誤的？

(A) Pizza 配送是物流一環

(B) 市場的小籠包與物流無關

(C) 自來水是物流一環

(D) 上學搭公車是物流一環

( ) 3. 以下有關台灣便利商店的敘述，哪一個項目是錯誤的？

(A) 7-11 是便利商店

(B) 販賣便利

(C) 冷門商品也可在便利商店找到

(D) 隨時隨地就在你身邊

( ) 4. 以下有關台灣便利商店的敘述，哪一個項目是錯誤的？

(A) 大約有 1.2 萬個分店

(B) 可以繳電費、買高鐵車票

(C) 可以郵寄包裹

(D) 不提供電子商務提貨服務

( ) 5. 以下有關台灣 7-11 物流系統的敘述，哪一個項目是錯誤的？

(A) 任何物流公司都可支援商品配送

(B) 不同物流公司支援不同溫控商品

(C) 全省北中南東部都設有配送中心

(D) 溫度控制是超商物流的重點

( ) 6. 以下有關便利商店商品溫層的敘述，哪一個項目是錯誤的？

(A) 雜誌屬於常溫商品 (B) 黑輪屬於 -4 度 C 溫層

(C) 御飯糰屬於 18 度 C 溫層 (D) 冰棒屬於 -18 度 C 溫層

( ) 7. 以下有關甘仔店 → 便利商店的敘述，哪一個項目是錯誤的？

(A) 甘仔店商品種類繁雜　　　(B) 便利商店購物較方便

(C) 便利商店商品價格較優惠　(D) 便利經濟打敗銅板經濟

( ) 8. 以下有關便利商店 24 小時經營的敘述，哪一個項目是錯誤的？

(A) 半夜是物流配送最佳時機

(B) 半夜是盤點補貨最佳時機

(C) 提供特殊行業人員便利消費

(D) 半夜消費者很多

( ) 9. 以下有關 Pizza 外送案例的敘述，哪一個項目是錯誤的？

(A) 30 分鐘送達的承諾是沒有必要的

(B) 100 元折價券是行銷高明策略

(C) 100 元折價券是將消費者負評轉正的策略

(D) 都會生活型態是 Pizza 外送的需求來源

( ) 10. 以下有關 Pizza 分店規劃的敘述，哪一個項目是錯誤的？

(A) 分店設立必須根據當地人口密度

(B) 分店數越多越好

(C) 分店設立必須根據當地消費水準

(D) 分店設立必須根據當地消費者喜好

( ) 11. 以下有關 Pizza 外送案例的敘述，哪一個項目是錯誤的？

(A) 30 分準時送達是一種行銷活動

(B) 31 分準時送達是一種品質保證

(C) 100 元折價券不宜多發

(D) 100 元折價券可創造消費者小確幸感覺

( ) 12. 以下哪一個項目不是點餐 APP 的整合標的？

(A) 餐廳　　　　　　　　　　(B) 外送員

(C) 消費者　　　　　　　　　(D) 運輸業者

( ) 13. 以下有關都會配送點的敘述，哪一個項目是錯誤的？

(A) 大樓管理處不可代收郵件

(B) 便利商店是最普遍的電商提貨點

(C) 智慧儲物櫃採用物聯網科技

(D) 車輛的後車箱也可做為物流配送點

( ) 14. 以下有關人口高齡化的敘述，哪一個項目是錯誤的？

(A) 引進外勞是目前主要方案

(B) 社區無法提供老人生活便利方案

(C) 餐點、購物外送平台大幅提高老人生活便利

(D) 便利商店是社區服務的重要環節

( ) 15. 以下有關逆向物流的敘述，哪一個項目是錯誤的？

(A) 網路購物產生大量退貨

(B) 退貨方便是退貨大幅提升的因素之一

(C) 允許消費者無條件退貨不利企業經營

(D) 消費者商品鑑賞期是有法令保護的

( ) 16. 以下有關回收物流好處的敘述，哪一個項目是錯誤的？

(A) 減少垃圾量　　　　　　(B) 廢物利用

(C) 有利於公益團體運作　　(D) 缺乏經濟效益

( ) 17. 以下有關廢棄電子產品的敘述，哪一個項目是錯誤的？

(A) 是沒有技術含量的產業

(B) 含有大量的貴金屬

(C) 可以提煉出貴金屬

(D) 是一項高利潤的產業

( ) 18. 以下有關台灣大型家具回收的敘述，哪一個項目是錯誤的？

(A) 由清潔隊負責

(B) 民眾必須付清運費

(C) 隨 call 即到服務

(D) 可進行家具再生

（　）19. 以下有關產品過度包裝的敘述，哪一個項目是錯誤的？

(A) 消費者支持是包裝減量的最大力量

(B) 企業支持包裝減量可提升公益形象

(C) 無法可罰，全憑企業良心

(D) 自帶飲料杯是一種公益表現

（　）20. 以下有關 7-11 創建歷史的敘述，哪一個項目是錯誤的？

(A) 初期虧損 7 年

(B) 目前是異業結盟成長期

(C) 初期與台灣市場水土不服

(D) 由日本引進

（　）21. 以下有關物流產業發展的敘述，哪一個項目是錯誤的？

(A) 貨運行就是物流公司

(B) 是一種資金密集產業

(C) 是一種經驗密集產業

(D) 台灣物流公司只扮演區域型服務角色

倉儲管理

⊙ 倉庫：又名貨倉，是一些用來儲存貨物的建築物或空間。倉庫服務於生產商、商品供應商、物流組織。為方便合作，倉庫通常鄰近碼頭、火車站、飛機場等。

⊙ 倉儲：將不會立即使用的貨品存放在倉庫中的動作，稱為倉儲。

倉儲為了應付商業環境激烈競爭，定位、功能、效率與不斷蛻變、升級，現代化的倉儲具備以下特質：

高度自動化	降低人力需求、降低成本、提高效能。
高度智慧化	倉儲是生產端與消費端的中繼站，唯有高度智慧化才能提高整體物流效率。
高度整合	倉儲作業升級為物流中心，整合：倉儲、加工、運送、轉運。

倉儲：調節產、銷

冬藏　春耕

秋收　夏耘

大批量生產　　小批量銷售

⊙ 獵人狩得山豬一隻，無法一次吃完，更不確定天天都可獲得獵物，因此會以醃、薰方式將獸肉保存下來，需要時一片片切下來食用。

⊙ 農人種田經過幾個月才能收成，收成的稻米是一年份的糧食，因此必須一次性大規模種植，收成時將一年份的稻米儲存於糧倉中，每個月分批由糧倉中取出一袋米出來食用。

以上兩個例子就是倉儲的原始功能，到了現代社會，自動化工廠中，由於生產成本的考量，一樣是一次性大批量生產，完成後將商品儲存於倉庫中，再分批將商品販售到市場。

由於消費者需求快速變化，大批量生產 → 倉儲 → 分批銷售的概念受到挑戰，工業 4.0 崛起，希望達到：依訂單生產的零庫存概念，以避免庫存商品過時的跌價風險，因此倉儲逐漸轉型、升級為：自動化、智慧化、整合化的物流中心。

倉儲的演進

狩獵時代

農耕時代

工業時代

商業時代

狩獵時代	人類的祖先茹毛飲血開始，如何儲存食物就是一個關係著生存的重大課題，狩到獵物如不能保存，就很難度過寒冷的冬天。
農耕時代	農耕作業循環：「春耕、夏耘、秋收、冬藏」，其中冬藏就是指穀物的妥善儲存，免得潮濕發芽，冬藏若做不好，所有的人們就得挨餓。
工業時代	機器取代人力，大量生產的時代來臨，民生消費用品都採取整批大量生產、分批小量消費，因此需要大型倉庫做為儲存空間。
商業時代	商業交易跨國、跨海，空運、海運也逐漸發達，倉儲功能再次轉型，洲與洲之間、國與國之間、城市與城市之間，大大小小的商品轉運中繼站大幅提升物流效率，這些中繼站除了提供倉儲功能，更提供流通加工服務。

📦 倉儲：商品整合

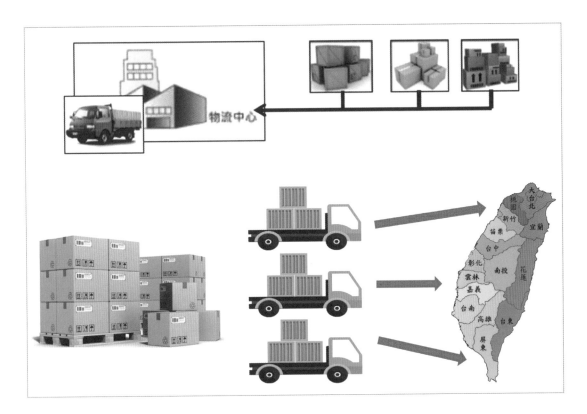

現代倉儲在物流系統中的作用

◯ 運輸整合（減少成本）：

將零擔（LTL）及拼箱（LCL）貨物整合為整車及整箱運輸。接收整批貨物，再將其分裝為零擔及拼箱貨物運到各市場。

◯ 產品組合：

按顧客的需要進行產品混裝，高效地完成訂單，也能將原料及半成品組合後整車的由供應倉庫運往工廠（可降低運輸成本）。

課外小常識：
零擔貨物（LTL：Less than Truck Load）：重量或容積不滿一輛貨車的小批貨物
拼箱貨物（LCL：Less than Container Load）：裝不滿一整個貨櫃的小批貨物

儲區管理

預備儲區

保管儲區

揀貨區

流通加工區

預備儲區	這是商品進、出倉庫時的暫存區。
保管儲區	這是倉庫中最大最主要的保管區域，商品在此的保管時間最長，商品在此區域以比較大的存儲單位進行保管，所以是整個倉庫的管理重點。為了最大限度地增大儲存容量，要考慮合理運用儲存空間，提高使用效率。為了對商品的擺放方式、位置及存量進行有效地控制，應考慮儲位的分配方式、儲存策略等是否合適，並選擇合適的儲放和搬運設備，以提高作業效率。
動管儲區	這是在揀貨作業時所使用的區域，商品在儲位上流動頻率很高所以稱為動管儲區。為了讓揀貨時間及距離縮短、降低揀錯率，就必須在揀取時能很方便迅速地找到商品所在位置，因此對於儲存的標示與位置指示就非常重要，為了提升揀貨效率並降低揀錯率，通常會使用電腦輔助揀貨系統 CAPS，動管儲區的管理方法就是這些位置指示及揀貨設備的應用。

📦 儲區管理項目

商品

包裝材料

輔助材料

回收材料

商品	商品的儲放、搬運、揀貨都有不同的作業準則，保管的形態也有：托盤、箱、散貨或其他方式，但都必須用儲位管理的方式加以管理。
包裝材料	標籤、包裝紙等包裝材料，由於促銷、特賣及贈品等活動的增加，商品的貼標、重新包裝、組合包裝等流通加工比例增加，對於包裝材料的需求就愈大，若不加以管理將會造成資源浪費。
輔助材料	托盤、箱、容器等搬運器具，由於流通器具的標準化，使得倉庫對這些輔助材料的需求愈來愈大，依賴也愈來愈重，若不加以管理將會影響整體作業效率。
回收材料	經補貨或揀貨作業拆箱後剩下的空紙箱，紙箱形狀不同、大小不一，若不加以管理容易造成混亂。

規則物體與不規則物體

東西在移動、搬運的過程中需要使用一些容器、工具，例如：

⟩ 以布包來搬運大量信件。

⟩ 以籠車來搬運大小規則不一的紙箱。

⟩ 以棧板來搬運可堆疊的貨物。

⟩ 以特製塑膠箱來搬運啤酒。

有了這些特殊的容器、工具，東西的搬運效率大幅提升，其中籠車就是日本黑貓宅急便發明的，原本一部貨車上必須配備：司機＋隨車員，以協助上貨、下貨，採用籠車之後，貨車司機一個人就可快速完成上貨、下貨工作，因此不但效率提升，更省掉一名隨車員的成本。

大家思考一下！若不用特製塑膠箱，瓶裝啤酒的搬運問題如何解決！

📦 包裝箱 → 棧板

倉儲作業中大量物品的搬移勢必是使用器械，箱子是應用最廣的容器，將一箱一箱的物品堆疊在棧板上，再利用堆高機一次搬移一個棧板的物品，搬運效率就可大幅提升。

四方型的箱子可以【堆疊】，因此可以有效率的組成一個可搬移的大物件，搭配：棧板＋堆高機就可一次搬移大量物品。

原始的棧板都是木製品，造價便宜，屬於消耗品，塑膠製的棧板由於堅固耐用、使用壽命長，漸漸普及起來。

原始的包裝箱也都是使用紙箱，同樣是造價便宜，屬於消耗品，目前物流中心的物流箱都已改為塑膠製可折疊，對於回收再利用、不使用時的收藏、堆疊強度都有很大的改進。

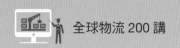

📦 棧板 → 貨櫃

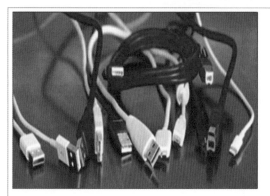

國家	標準	規格（寬 x 長）（mm）
日本	JIS	1100x1100
北美		1016x1219, 1067x1067
台灣	CNS	1100x1100, 1000x1200
新加坡		800x1200, 1000x1200, 1100x1100, 1
馬來西亞	MS	800x1200, 1000x1200, 800x1000
泰國	TIS	1100x1100, 1000x1200
大陸	GB	800x1000, 800x1200, 1000x1200
德國	DIN	1000x1200, 800x1200, 1000x1200
歐洲	EN	800x1200

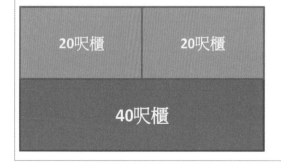

20呎櫃　20呎櫃

40呎櫃

寬度 <4呎

寬度8呎

貨櫃是長途運輸使用最廣泛的大型容器，同樣是方形、可以【堆疊】，因為此特性，因此貨櫃場的貨櫃、貨櫃船中的貨櫃都以高層堆疊，創造出最大容量。

因為要有效率的堆疊，而貨櫃在海運時必須在全球所有國家進行交換，因此貨櫃的尺寸被嚴格限制，只有 20 呎、40 呎兩種規格，因為寬度、高度相同，因此貨櫃 2 個 20 呎櫃的體積、形狀就與一個 40 呎櫃完全相同，因此可堆疊。

而貨櫃中用來搬運貨物的棧板由於沒有堆疊的作用，因此尺寸規格也沒有被強制規範，因此呈現出各個國家有不同規格，甚至一個國家多種規格的情況，唯一可以欣慰的是，棧板為了配合貨櫃的尺寸，國際上產生不成文的規範：「棧板寬度 <4 呎」，因此貨櫃中橫向可以放置 2 個棧板。

統一規格對於所有產業都是重要又基本的工作，但在發展初期若沒有產生一致的規格、標準，群雄割據之後要進行整合就難如登天了！

貨櫃裝卸 → 運輸

一件物品 → 一箱物品 → 一棧板物品 → 一貨櫃物品 → 一艘貨櫃輪，每一個階段都以倍數提升搬運效率，有人做過實驗，分別以散裝船、貨櫃輪來運送啤酒，貨櫃輪的成本只有散裝船的 5%，由此可知堆疊搬運的效率提升。

貨櫃、貨櫃拖車、碼頭貨櫃吊車都是全球統一規格，因此一切碼頭貨櫃裝卸作業就如同堆積木遊戲：簡單 → 有效率。

課外小常識：
以一艘可以裝載 7,000 個標準貨櫃的船為例，甲板下能疊 8 層貨櫃，甲板之上可以再堆 9 層。
目前最大的貨櫃輪可裝載 1.8 萬個標準貨櫃。
貨櫃（Container）在中國稱為【集裝箱】。

倉儲貨架與堆高機

傳統倉儲的商品貨架採取多層堆疊方式，商品上、下貨架作業必須使用堆高機，貨架之間必須保留足夠的空間以利堆高機：行駛、操作，相對降低了儲存空間。

堆高機的操作必須是領有專業證照的人員，隨著物流中心大型化的趨勢，堆高機的超作難度及作業成本逐漸提高，因此物流中心漸漸以投入大量資本，建立自動倉儲系統，以自動化作業取代堆高機操作。

課外小常識：
桃園安麗物流中心就是採取自動倉儲系統，並提供各界網路報名參觀，須年滿 18 歲。
勞委會 - 堆高機操作技術士，一般而言取得此證照在物流倉儲部門工作，薪資將比一般作業員多 5,000。

儲位管理基本原則

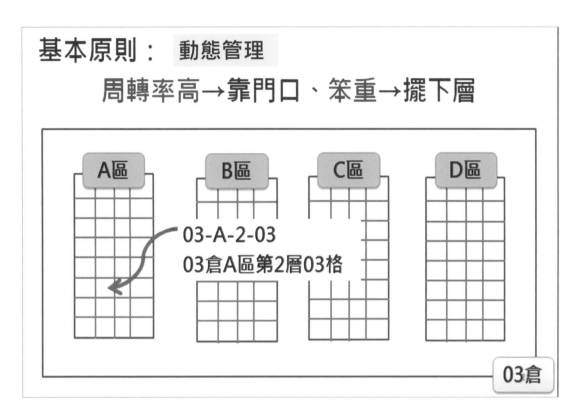

⊙ 儲位標識明確：將儲存區域詳細劃分，並加以編號，讓每一種預備存儲的商品都有位置可以存放。

⊙ 商品定位有效：考量因素如下：

　　1. 儲存單位；2. 儲存策略；3. 分配規則；4. 其他考慮因素。

　　例如：冷藏的商品就該放冷藏庫
　　　　　流通速度快的商品就該放置在靠近出口處
　　　　　香皂就不可以和食品放在一起

⊙ 變動更新及時：商品的數量或儲位會因為以下因素改變：

　　1. 揀貨取出；2. 商品被淘汰；3. 其他作業的影響

　　變動發生時必須及時記錄，使記錄與實物數量能夠完全吻合，記錄的正確性是倉庫儲位管理作業成敗的關鍵所在。

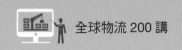

 # 庫存管理：ABC 法則

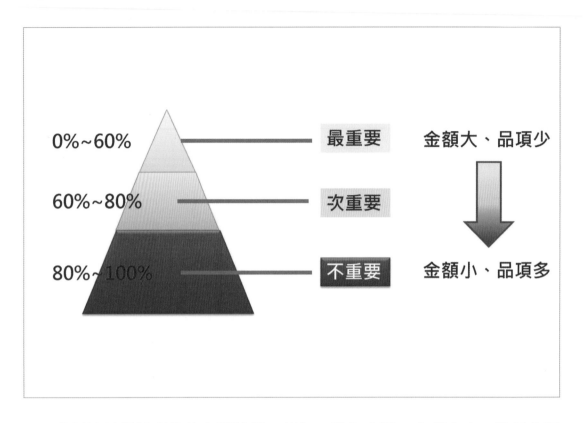

ABC 分類法是根據事物的主要特徵，例如：發生次數、金額大小，進行分類排列，從而實現區別管理的一種方法。ABC 法則強調的是分清主、次，並將管理對象劃分為 A、B、C 三類，1951 年 ABC 法則首度被使用於庫存管理。

在一個大型公司中，庫存存貨的種類動則幾十萬種。如果對每一個品項都進行鉅細靡遺的管理，將會產生效率不彰的情況，原因如下：

盤點清查困難	對於重要材料（例如：產品關鍵部件）如果計數錯誤，可能導致缺料，生產線停擺，進而喪失市場機會，失去客戶。
存量控制困難	一把抓式的管理，就可能將目光集中在大量非重要材料上，而疏忽了對重要材料的控制。

俗話說：「撿了芝麻，丟了西瓜」，說的就是不會應用 ABC 法則於生活管理。

ABC 法則－庫存範例

材料編號	占總金額比率	累計比率	分類
X01	35%	35%	A類
X02	26%	51%	
X03	19%	**60%**	
E01	9%	69%	B類
E02	6%	75%	
E03	5%	**80%**	
M01	4%	84%	C類
M02	4%	88%	
M03	3%	91%	
M04	3%	94%	
M05	2%	96%	
M06	2%	98%	
M07	1%	99%	
M08	1%	**100%**	

現在我們以庫存管理為例來說明如何進行分類。

Step 1：計算每一種材料的庫存總金額。

Step 2：按照金額由大到小遞減排序。

Step 3：計算每一種材料金額占庫存總金額的比率。

Step 4：加總累計比率。

Step 5：進行分類

分類	累計比率	重要性
A 類材料	0%～60%	最重要
B 類材料	60%～85%	次重要
C 類材料	85%～100%	不重要

倉儲作業流程

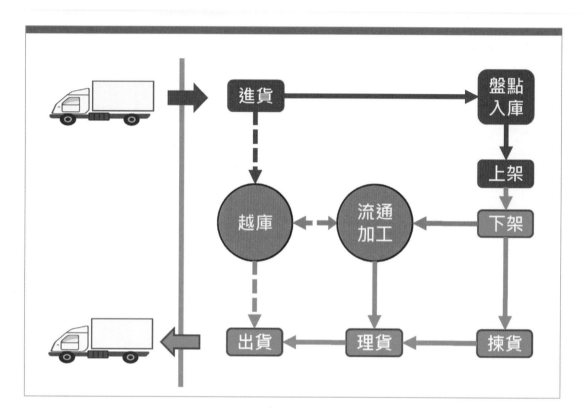

◯ 進貨：卸貨 → 查驗：外觀 → 查驗：數量、品質 → 更新庫存

◯ 轉運或入庫：將商品移動至儲存區、專門作業區、發貨區的實際移動過程。

◯ 訂單揀貨：按顧客要求，將一種或多種儲存貨物取出作整理組合。

◯ 直接轉運：將剛收到的貨物，進行適當的分類整理，轉運到發貨月臺。減少了作業時間和成本，並提高顧客服務水準，也稱為「越庫作業」。

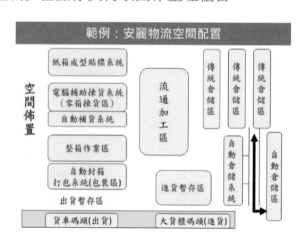

◯ 出貨：分類整理包裝 → 搬運商品至發貨區 → 搬運商品至運輸車輛 → 更新庫存記錄

進貨 → 盤點

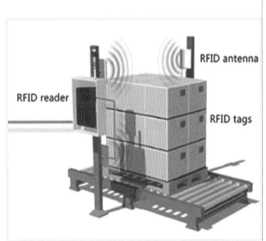

⟩ 進貨：

上游廠商或供應商將商品載運到物流中心，進貨大多數量較大，因此運輸車輛大多是大貨車或是貨櫃車，左上圖就是進貨碼頭。

⟩ 盤點入庫：

這是一個檢查的過程，商品進貨後必須先放置於待檢區，經過數量盤點、品質檢查 2 個步驟，確認品質、數量後，才能進行儲存的動作。

目前商品上大多附有條碼，利用條碼掃描器進行盤點將可大幅提升工作效率及正確性，商品盤點未來發展將會朝向 RFID（無線射頻技術），RFID 技術可一次感應多個商品，例如一台貨車開過 FRID 閘門，即可將整車商品盤點完畢，效率是條碼系統的數倍至數十倍，唯一的問題是目前 RFID 的價格還比條碼高出許多。

上架與儲物分類

| 水果 | 肉類 | 乳品 | 海鮮 |

| 重型料架 | 輕型料架 | 儲物櫃 |

物流中心內一般會規劃不同的倉儲區域,用來儲存不同種類、性質的商品,將商品置放於某個區域、某個位置的動作稱為「上架」,不一定是擺在架子上,也有可能是平面堆放。

1. 倉儲區域以溫度區分:常溫區、低溫區、冷凍區。

2. 倉儲區域以商品體積重量區分:重型料架、輕型料架、儲物櫃。

倉儲區規畫有以下基本原則:

先進先出	針對如食品等保質期較短的貨品,按先進先出的法則進行。
重量特性	通常重物往下放,輕貨往上放,還必須考慮機械化搬運和人工搬運的不同。
面對通道	為了使貨物的存取方便快捷,貨物和貨位的編號標識、名稱等也應該佈置在通道附近等容易看到的位置,出貨頻率較高的貨物應靠近主通道存放。

揀貨方式

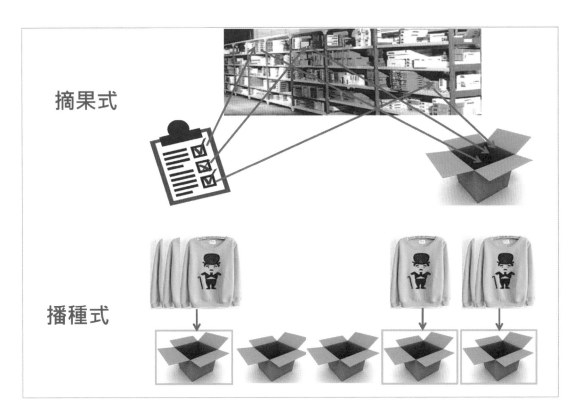

摘果式

播種式

顧客要求，將一種或多種儲存貨物取出作整理組合，訂單揀貨一般占倉庫近一半作業成本，有以下 2 種基本方式：

摘果式	一次將一張訂單的所有貨物從頭到尾揀取，就像果農一般，背著一個籃子，將成熟的果子一個個摘下來放入籃子內。
播種式	先將所有訂單所要的同一種貨物取出，在暫存區再按各用戶的需求二次分配，就像是種稻農夫一般，揹著一籃子的秧苗，一株一株的插入田中。

根據基本揀貨方式加以改良，又衍生出以下 2 種方式：

分區播種式	每一個揀貨員負責一片儲存區內貨物的揀貨，先將訂單上所要貨物中該通道內有的全部揀出，彙集一起後再分配。
波浪式	按照某種特徵將要發貨的訂單分組。例如：同一承運商的所有訂單為一組，一次完成這一組訂單，下一波再揀選另一組的。

揀貨自動化

pick to voice

pick to light

put to light

語音揀貨 （Voice Picking）	揀貨人員頭上戴著耳機麥克風，語音系統會透過耳機指示商品所在的櫃位、揀貨數量，因此完全不必使用報表單據，雙手完全騰出來更方便揀貨作業，眼睛看著櫃位直接將商品取出，透過麥克風複誦揀貨數量作為雙重檢查，大幅提高工作效率及正確率。
燈號揀貨 （Pick to Light）	揀貨人員推著揀貨箱、循著固定路線巡視商品櫃位，揀貨箱上配備揀貨系統發射器，當揀貨人靠近標的商品時，系統發出訊號使商品櫃位上的燈號亮起，燈號上的數字代表揀貨數量，揀貨人員完成揀貨動作後，將燈號按熄。
燈號置貨 （Put to Light）	揀貨人固定在一個地點、處理一種商品，當輸送帶上的揀貨箱來到揀貨人員面前時，根據燈號上的數量，揀貨人將商品丟入貨箱中。

📦 AR 揀貨

AR 擴增實境技術被應用在倉儲管理上，揀貨人員配戴具備 AR 功能的眼鏡進行撿貨工作，AR 眼鏡各部分功能如下：

鏡片	顯示資訊 → 撿貨行進路線、撿貨儲櫃位置、撿貨商品數量
耳機	以聲音指示 → 行進方向、儲櫃位置、撿貨數量
麥克風	接收撿貨員的確認互誦
攝影機	掃描撿選商品的條碼，做商品撿選確認

整個撿貨流程透過【撿貨小精靈】應用軟體加以整合，撿貨人員只需要遵循小精靈所發出的指令即可，精確、有效率，人員訓練成本更可大幅降低，撿貨人員的績效、薪資更可準確計算。

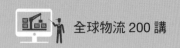
流通加工

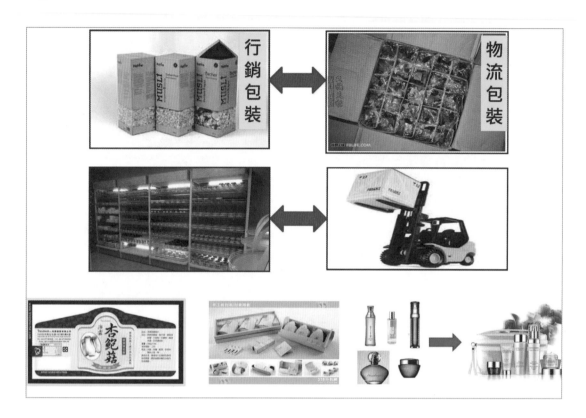

工廠生產的產品基於運輸、倉儲效率的考量，在外觀上一般較為粗糙或者包裝單位較大，我們稱為【物流包裝】，而消費者所購買的商品基於行銷考量，一般外觀較為精緻或包裝單位較小或將數種商品作組合包裝，我們稱為【行銷包裝】，商品由倉儲轉移至商店貨消費者前，物流中心便必須為商品進行一些改變外型及包裝單位的工作，我們稱為流通加工。

常見的物流加工有以下 3 種：

貼標	在產品上貼上商標、產品規格。
包裝	將商品置於包裝盒內。
產品組合	將數種產品整合於一個包裝中，創造出一件新商品。

傳統物流中心受限於資本與技術，對於物流加工多採取人工作業，現代化大型物流公司全部採用自動化作業，提高工作效率並降低成本。

越庫作業

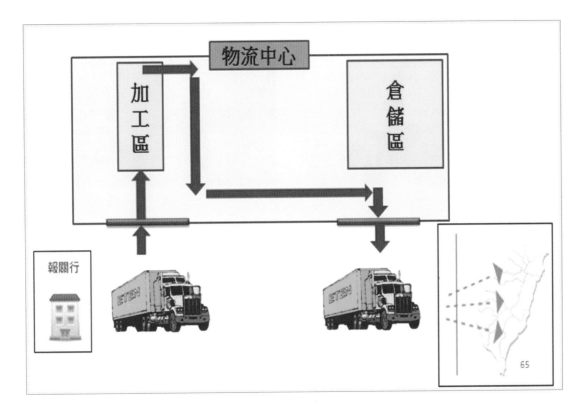

工廠生產的產品還處於物流包裝狀態,無法直接進入市場,這時物流中心就可提供物流加工的服務,以上圖為例:

1. 貨物由海關領出後,送到物流中心

2. 貨物並不執行驗收 → 入庫 → 上架的程序

3. 直接將貨物移動至加工區

4. 進行:貼標、包裝作業

5. 出庫 → 搬運至貨車上送 → 運送至客戶端

以上的程序稱為【越庫】作業,只利用物流中心進行加工,越過倉儲作業!

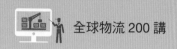

倉儲自動化 → 進步？失業？

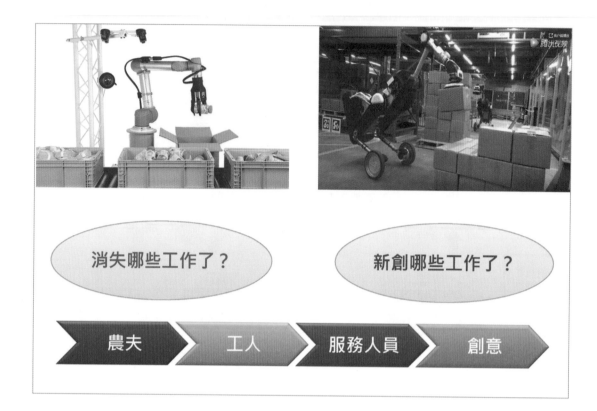

傳統倉儲算是一個高度人力密集的產業，許多小廠受限於規模與資金，都還採取人工作業，隨著商務競爭加劇，客戶為尊的市場要求，物流配送速度不斷被要求提升：一週 → 2 天 → 當天 → 4 小時，而其中關鍵的倉儲作業變必須以自動化來提高效率，尤其是國際物流更仰賴高度的資訊化，以便提供客戶即時貨物追蹤。

小型倉儲轉變為大型物流中心是必然的趨勢，自動化、資訊化更是必然的變革，傳統機械式的人力作業勢必被自動化取代，所以許多專家都預言失業率將大幅提升。

由產業的演進可清楚的看出，過程中有些工作勢必消失，但也伴隨著一些新工作的產生，正所謂：「當上帝為你關了一扇門，祂同時會幫你開啟一扇窗」，人必須隨著產業轉型進行轉業，銜接的過程中：新產業競爭少、產值高 → 薪資高，舊產業喪失競爭力 → 失業率提高，一段時間後，市場再次回到均衡狀態。

3K、3D 產業何去何從？

小時候聽說：「美國的建築工、清潔隊、漁船工薪水很高」，覺得不可思議，因為當時這些工作在台灣都是低薪的工作，是所謂的 3K 或 3D 產業：危險、辛苦、骯髒，只有教育水平低的人才願意從事的勞力活。

40 年前台灣以製造業起家，由於人工薪資低，因此在國際市場中享有低價搶單的優勢，隨著經濟發展 → 薪資提高，勞力密集產業紛紛遷廠到中國，目前中國經濟崛起，工廠又遷往印度、越南等低薪國家。

反觀先進大國，不斷投入研發、提高自動化程度、產業轉型，經濟發展並沒有因為薪資提高而降低生產力，3K、3D 工作因為只要少數人願意投入，因此薪資不低。

台灣藉由引進外勞來緩衝廠商對於低階人力需求的短缺，這只是一個短期治標的策略，德國的機器人可以砌磚牆、美國的垃圾車只要一個駕駛，唯有產業升級才能澈底解決人力需求問題，並加入國際盃的商業競爭。

物流業分類：上下游

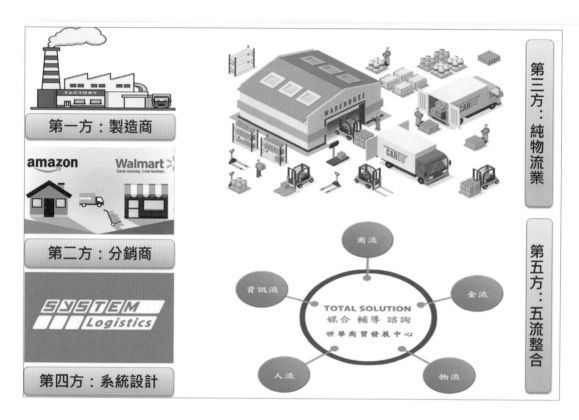

第一方	製造商、原料商都是物流的源頭，早期這些廠商也必須負責商品運輸、配送。
第二方	分銷商是商品流通散佈的規劃者，早期分銷商自行成立車隊，或雇用車行或車，負責物流配送。
第三方	倉儲業與運輸整合，形成專業純物流公司，提供第一方、第二方物流服務，讓他們可以專注在本業發展。
第四方	物流業系統設計廠商 → 硬體 + 軟體 + 流程規劃，提供第三方系統支援。
第五方	Amazon、阿里巴巴、…，這些國際電商大廠提供的服務是全方位的五流整合 → 商流、資訊流、金流、物流、人流。

國內物流業分類：產業別

貨運業者轉型、升級為物流公司是第三方物流業者，是為產業提供服務，但有些廠商因為物流業務達到經濟規模，為了提高：物流效率 → 營運績效 → 客戶滿意度，因此自行成立物流部門或物流子公司，達到產業垂直整合，以下就是台灣目前幾個不同產業的代表：

惠康	頂好（英語：Wellcome），是香港最大及歷史最悠久的連鎖超級市場，台灣首家分店於 1987 年在臺北成立。
德記	德記洋行是在十九世紀時英國與中國通商時所成立的洋行之一，目前是台灣上櫃公司。
安麗	Amway（American way）是一家美國公司，其特點是利用多層次直銷來銷售健康、美容、居家護理、家用產品。
光泉	是一家台灣知名的飲品製造廠，主要以牛奶製品品牌「光泉牛乳」為人熟知。

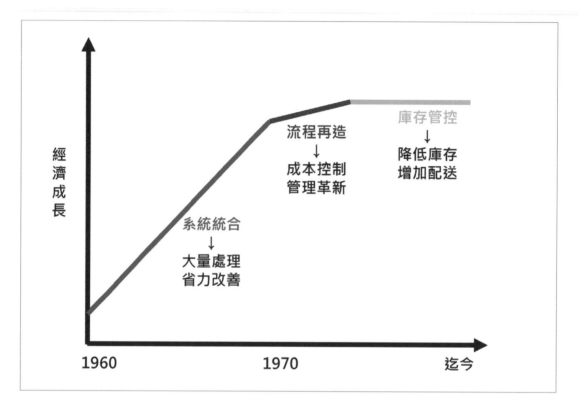 日本物流業的演進

台灣與日本的產業發展與生活型態較為接近,物流產業與技術大都由日本移入,因此探討日本的物流演進,對於台灣物流業日後發展是絕對必要的。

經濟高度成長	營業額擴大 → 商品配送量與次數亦擴增 國民所得增加 → 人事費用上升 策略:將搬運、倉儲、輸送等物流活動作業進行整體系統的統合。 作法:如何集中數量、如何處理更大的數量、如何做省力化的改善。
經濟穩定成長	經濟亦由高度成長轉為安定成長,物流量不再急速擴增。 策略:由量的要求進化為質、量並重的階段。 作法:抑制物流成本、開發物流管理技術、革新物流組織。
經濟低度成長	商品的多樣化、多品牌的行銷趨勢影響,不論零售業與物流業均必需面對:「存放不下」與「處理滯銷商品」的問題。 策略:追求零庫存與 JIT(Just-in Time)的管理方法。 作法:降低庫存、增加配送的次數。

黑貓的創新

運輸業是人力密集的產業，人事成本可高達總成本 60%，如何導入自動化系統與設備，以達到：(1) 降低人力需求、(2) 提升作業效率，是運輸業的一大課題，以下是 3 個黑貓宅急便早期採取的創新改善方案：

中繼站	在【東京← → 大阪】的運輸路線上設一中繼站【濱松】，改變運輸路線【東京← → 濱松← → 大阪】，東京與大阪的司機在濱松交換車輛，當日原路往返不用出差。
子母	一部母車搭配 3 部子車，母車可以將子車留下卸貨，並立刻拖走已經裝載完畢的子車，大幅降低上、下貨物的等待時間，今日的貨櫃車便是相同的概念。
籠車	貨物全部裝載於籠車內，再將籠車推上貨車，籠車有輪子，因此裝貨、卸貨都非常快速，平均 10 噸貨只需 15 分鐘，因此儘管會損失 30% 的運載量也是值得的，更因此省掉一名助手。

 Amazon 未來倉儲

將物流中心蓋在地面上，靠近交通樞紐處，這是目前主流的規劃方式，幾乎不會有人去懷疑這樣的鐵律，但 Amazon 卻異想天開：

> ⟩ 以飛船作為空中倉儲中心

> ⟩ 以大型無人貨機將貨物運送至飛船

> ⟩ 以小型無人機作為配送交通工具

產生效益如下：

> ⟩ 可以移動的倉儲空間

> ⟩ 不用付租金的倉儲空間

> ⟩ 大量縮短配送時間的：倉儲＋配送解決方案

這不是天馬行空的想法，飛船倉儲方案 Amazon 已申請專利，不斷的創新、強大的執行力、以客為尊的經營理念，這就是 Amazon 成為當代最偉大企業之一的 3 個基本要素！

習題

( ) 1. 以下有關現代化倉儲管理的敘述，哪一個項目是錯誤的？
　　(A) 高度自動化
　　(B) 倉庫為節省成本多位於交通不便處
　　(C) 高度智慧化
　　(D) 高度整合

( ) 2. 以下有關現代化倉儲管理的敘述，哪一個項目是錯誤的？
　　(A) 大量批次生產是倉儲需求的主因
　　(B) 倉儲的基本功能是調節產銷
　　(C) 工業 4.0 更強調倉儲的重要性
　　(D) 冬季是收藏糧食的季節

( ) 3. 以下有關不同時代倉儲主要功能的敘述，哪一個項目是錯誤的？
　　(A) 狩獵時代 → 儲存　　　(B) 農耕時代 → 儲存
　　(C) 工業時代 → 調節產銷　(D) 商業時代 → 屯貨牟利

( ) 4. 以下哪一個項目不是現代化物流管理的基本功能？
　　(A) 大量儲存商品　　　　(B) 運輸整合
　　(C) 商品整合　　　　　　(D) 物流加工

( ) 5. 以下哪一個區域不是儲區管理的範圍？
　　(A) 預備儲區　　　　　　(B) 進出貨碼頭
　　(C) 保管儲區　　　　　　(D) 動管儲區

( ) 6. 以下哪一個項目不是儲區管理的標的？
　　(A) 商品　　　　　　　　(B) 包裝材
　　(C) 商品貨架　　　　　　(D) 回收材料

( ) 7. 籠車是哪一個國家發明的？
　　(A) 中國　　　　　　　　(B) 美國
　　(C) 德國　　　　　　　　(D) 日本

( ) 8. 以下哪一種商品的特性是使用棧板搬運的最大效益？
　　(A) 可堆疊　　　　　　　(B) 負重
　　(C) 輕量化　　　　　　　(D) 橫向排列

（　）9. 以下有關貨櫃的敘述，哪一個項目是錯誤的？

    (A) 可以堆疊 　　　　　　　　(B) 長度都相同

    (C) 寬度都相同 　　　　　　　　(D) 高度都相同

（　）10. 貨櫃（Container）在中國翻譯為？

    (A) 大貨櫃 　　　　　　　　　　(B) 商品箱

    (C) 集裝箱 　　　　　　　　　　(D) 航運櫃

（　）11. 以下哪一個項目不是採用自動倉儲系統的原因？

    (A) 提高倉儲空間利用率 　　　　(B) 降低人力需求

    (C) 提高作業效率 　　　　　　　(D) 減少資本投入

（　）12. 以下哪一個項目不是儲位管理基本原則？

    (A) 固定式商品儲位 　　　　　　(B) 儲位標識明確

    (C) 商品定位有效 　　　　　　　(D) 變動更新及時

（　）13. 以下有關物存管理 ABC 法則的敘述，哪一個項目是錯誤的？

    (A) 將列管商品分為 3 級 　　　　(B) 物不分大小統一列管

    (C) A 級是最重要產品 　　　　　(D) A 級產品盤點頻率最高

（　）14. 以下有關物存管理 ABC 法則的敘述，哪一個項目是正確的？

    (A) 依商品類別累計金額評估重要性

    (B) 依商品體積評估重要性

    (C) 依單一商品累計金額評估重要性

    (D) 依商品技術層式評估重要性

（　）15. 以下哪一項作業是直接轉運？

    (A) 物流加工作業 　　　　　　　(B) 商品上架作業

    (C) 進、出貨作業 　　　　　　　(D) 越庫作業

（　）16. 以下有關盤點入庫的敘述，哪一個項目是錯誤的？

    (A) RFID 盤點效率較差

    (B) 條碼是目前應用較廣的盤點工具

    (C) RFID 單價較高

    (D) 條碼非常便宜

( ) 17. 以下哪一個項目不是倉儲溫度區分的項目？

(A) 常溫區　　　　　　　　(B) 冷藏區

(C) 低溫區　　　　　　　　(D) 冷凍區

( ) 18. 以下有關揀貨方式的敘述，哪一個項目是錯誤的？

(A) 摘果式：一張訂單走到底

(B) 播種式：同一種貨物一次取出

(C) 分區播種式：由撿貨人員自行在區域內揀貨

(D) 波浪式：按照發貨的訂單分組

( ) 19. 以下有關揀貨自動化的敘述，哪一個項目是錯誤的？

(A) 燈號揀貨：人移動找商品

(B) 燈號置貨：人不動揀貨箱移動人面前

(C) 語音揀貨需要複誦以確保揀貨正確

(D) 語音揀貨需要攜帶揀貨單

( ) 20. 以下有關 AR 揀貨的敘述，哪一個項目是錯誤的？

(A) AR 是混合實境

(B) 有揀貨小精靈協助揀貨

(C) 有行進路線指示

(D) 有揀貨儲位指示

( ) 21. 以下有關流通加工的敘述，哪一個項目是錯誤的？

(A) 物流包裝是大量包裝

(B) 產品組合不屬於流通加工

(C) 行銷包裝是小包裝

(D) 商品進倉之前大多是物流包裝

( ) 22. 以下有關越庫作業的敘述，哪一個項目是錯誤的？

(A) 由進貨碼頭進入倉庫

(B) 進入加工區進行加工作業

(C) 進入倉儲區進行商品上架

(D) 由出貨碼頭離開倉庫

（　）23. 以下有關倉儲自動化的敘述，哪一個項目是錯誤的？

    (A) 倉儲自動化是經濟運作的必然結果

    (B) 資本投資將取代大量人力

    (C) 產業升級轉型勢在必行

    (D) 各國政府為降低失業率不會鼓勵自動化

（　）24. 以下哪一個項目不是 3K 或 3D 產業？

    (A) 沒前途   (B) 危險

    (C) 辛苦   (D) 骯髒

（　）25. 以下哪一個項目是第三方物流公司？

    (A) 零售業者   (B) 純物流業者

    (C) 全方位 5 流整合業者   (D) 物流系統業者

（　）26. 以下哪一家企業是第三方物流業者？

    (A) 光泉牛奶   (B) 德記洋行

    (C) 大榮貨運   (D) 惠康超市

（　）27. 以下哪一個項目是日本物流業者在經濟低度成長時所採取的策略？

    (A) 進行整體系統的統合   (B) 開發物流管理技術

    (C) 革新物流組織   (D) 增加配送的次數

（　）28. 籠車是以下哪一家企業的創新？

    (A) 日本黑貓   (B) 美國亞馬遜

    (C) 台灣統一   (D) 中國阿里

（　）29. 以飛船作為空中倉儲是以下哪一家企業的創新？

    (A) Google   (B) Amazon

    (C) Alibaba   (D) Tencent

CHAPTER

4

運輸

在工業革命前的人類文明，運輸方式只有：人力、獸力、自然力，活動範圍受到限制。1765 年瓦特發明蒸氣機，啟動工業革命，運輸工具動力改採內燃機，大幅提升運輸範圍與持續能力，2021 年稱為電動車元年，所有傳統汽車廠投入電動車市場，智能電動車的時代即將來臨，無人駕駛將完全改變商業運輸與人類出行。

運輸方式的現代化，帶動都市文明的發展與人類之間的頻繁交流。現代運輸管理除了談運輸容量（Capacity）的提升，更注重運輸流量（Flow）的管理。不論是客運或是貨運，運輸容量設計若只考慮最尖峰時最大流量，將造成非尖峰時段的容量浪費，因此合理的解決方案應該是：「建置合理的容量範圍，並鼓勵將尖峰時段流量轉移至非尖峰時段」，例如：春節高速公路夜間免收通行費，鼓勵返鄉的駕駛人改為夜間行車，都是成功的案例。

運輸的經濟作用

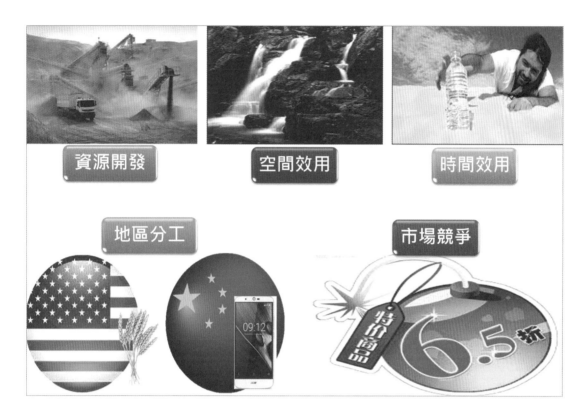

> 促進資源的開發和利用：

自然資源的地理分佈是不均勻的，若沒有便利的交通運輸，資源的開發、利用是無法實現的。

> 有利於開拓市場，創造「空間」、「時間」效用：

人潮聚集的地方就能提升交換效率，這便是「空間效用」。

特定時機對特定商品有明確需求，這便是「時間效用」。

高效率的運輸能夠保證商品在【對的時間】出現在【對的地點】。

> 有利於鼓勵市場競爭並降低市場價格：

運輸效率提高 → 運輸費用降低 → 商品價格降低 → 消費者獲利

> 有利於勞動的地區分工和市場專業化：

量販店中的商品琳瑯滿目、價格低廉，大多來自全世界各個國家，這是運輸產業所帶來的全球分工。

陸運工具的演進

在中國古文明的記載中，早在黃帝時期，就已經有車輛與道路的規劃：

1. 秦始皇實行「車同軌，書同文」把過去複雜的交通路線重新整修。

2. 西漢張騫共出使西域兩次，開通了絲綢之路，使漢朝和西域的商業往來越來越頻繁。而絲路就是以「沙漠之舟—駱駝」作為主要運輸工具。

西方工業革命後發明了蒸氣機、內燃機，逐漸取代人力、獸力的運輸行為，陸運交通運輸發展至今日，已內化成為你我生活的一部分，陸運交通工具的演進如右表：

年代	事件
1765	蒸汽機：工業革命的來臨
1829	蒸汽火車：鐵路運輸，英國
1886	汽車：公路運輸，德國賓士
1895	輪胎：T型車，美國福特
現在	大眾運輸：公共汽車、捷運系統
	高速運輸：日本子彈列車、台灣高鐵

未來陸運工具：磁浮列車

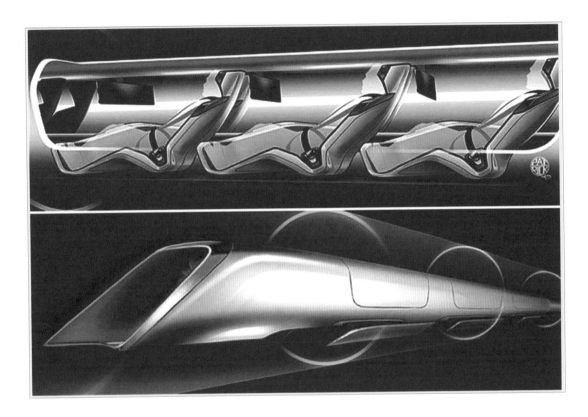

德國、日本、中國是目前全世界磁浮列車技術發展最成熟的國家，磁浮列車的設計，分為以下兩種：

吸引型	德國在列車的兩翼上安裝了一系列的電磁鐵，而其兩翼又伸入導軌下方。當通上電流時，電磁鐵會吸引鐵軌而往上提升。
推斥型	日本採用超導電磁鐵，利用磁場互斥的原理讓車體懸浮起來。

兩種磁浮列車，都是用線性感應馬達來推進的，不但速度快且搖晃與噪音被減至最低。未來人們還可以利用磁浮列車在短時間內運送大宗貨物。無人駕駛的磁浮列車，可在專用的真空隧道內行駛，不必憂慮廢氣的排放與噪音的干擾，也不受天候影響，可說是理想的運輸系統。

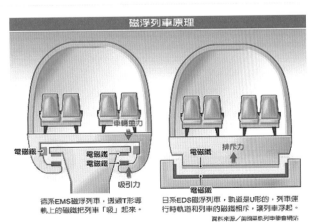

磁浮列車原理

德系EMS磁浮列車，透過T形導軌上的磁鐵把列車「吸」起來。

日系EDS磁浮列車，軌道是U形的，列車運行時軌道和列車的磁鐵相斥，讓列車浮起。

資料來源／美國華盛頓華盛頓郵報

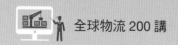

新能源時代

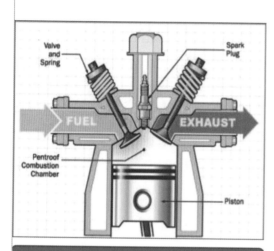

燃油引擎

電池馬達

全球汽車大廠投入電動車研發的歷史相當久遠，但由於他們都是車輛產業的既得利益者，因此沒有任何一家車廠想要：積極投入 → 顛覆市場，所以電動車發展有如龜速，一直到 2008 年伊龍馬斯克入主 TESLA 純電動車公司後，開發出創新電池管理技術，大幅提升電動車的續航里程，讓電動車的商業運轉出現轉機。

2020 年 TESLA 年產量已達到 50 萬輛，各國政府考量：環境保護、新能源產業政策，紛紛立法明定燃油車退出市場，並加大對於電動車的補助，2021 年全球各大車廠紛紛誓師投入純電動車開發，燃油車的時代確定結束了。

【引擎 → 馬達】只是電動車的基本轉變，最大的效益在於【智能】駕駛，有人比喻電動車是：裝了 4 個輪子 iPhone、是軟體產業，無人駕駛將完全改變商業運輸模式，更將改變一般人每日出行的交通運輸，電腦自動駕駛後，車子就成為另一個生活、工作、休閒空間，每一部智能車透過物聯網與其他車輛、交通號誌互相聯繫，車禍不再發生了，行車效率也提高了。

水運工具演進

古文明伴隨著河流而發展，早期的水運工具：渡輪、人力舢舨或風力帆船等，除扮演運輸功能外，也是漁業發展的工具，以下是中國航運事跡：

1. 西元前 2500 年，即有帆船運輸，唐代對外貿易的商船直達波斯灣和紅海，所經航路被譽為「海上絲綢之路」。

2. 12 世紀初，中國首先將指南針用於航海導航。

3. 15 世紀初，鄭和 7 次下西洋，共計大小船隻 200 艘，最遠航程到達非洲東岸，現今的索馬利亞和肯亞一帶。

現代水運運輸則可簡單分為以下 2 類：

內河航運	船隻於河流或湖泊上進行旅客與貨物之運送，內河運輸船舶多為平底設計，可增加載運容量。
海洋航運	船隻航行於公海上，提供長距離跨海之運送服務，海洋運輸船舶多為 V 型底設計，可抵抗較大的風浪。

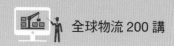
海運航線

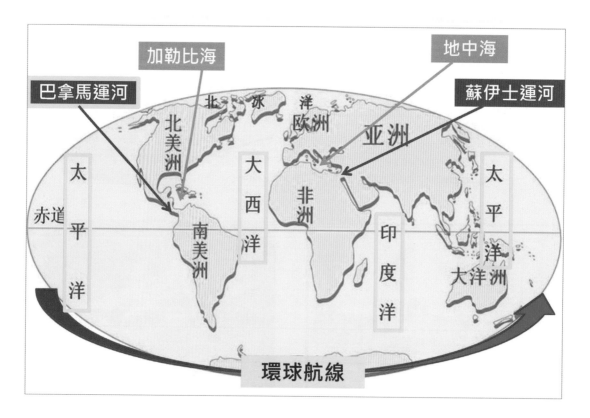

環球航線

> 按船舶營運方式分類：

　A. 定期航線　B. 不定期航線

> 按航程的遠近分類：

　A. 遠洋航線　B. 近洋航線　C. 沿海航線

> 按航行的範圍分類：

　A. 大西洋航線　B. 太平洋航線　C. 印度洋航線　D. 環球航線

提升海運效率的兩條運河：

巴拿馬運河	巴拿馬運河貫穿了：太平洋與大西洋，讓航行船隻不必繞道南美洲最下緣，大大縮短航行距離與時間。
蘇伊士運河	蘇伊士運河貫穿了印度洋與地中海，由印度洋要進入歐洲就不用繞過非洲南緣，讓航行距離與時間大大縮短。

📦 運河堵 → 物流斷

船長們崩潰
長榮貨櫃橫卡蘇伊士運河
國際貿易通道大塞船

圖／翻攝自Twitter@jsrailton

2021/3/23 長榮大型貨櫃輪「長賜輪」擱淺，堵住蘇伊士運河，一夕間引起全球關注。據外媒估計，集裝箱貨品佔蘇伊士運河總交通量大約 26%，西向及東向平均每日貨運價值合計達 96 億美元，平均每小時貿易損失上看 4 億美元。

據報導中追蹤數據顯示，目前約有 165 艘船隻等待通行，含 41 艘散貨船、24 艘油輪、33 艘貨櫃船、16 艘液化天然氣或液化石油氣船隻、15 艘成品油船、8 艘汽車載運船隻等待通過。

- ◎ 蘇伊士運河因船舶擱淺阻塞，投資人憂心，這可能導致原油運輸受阻，國際油價週三（24 日）上漲 6%。

- ◎ 由於車用晶片缺貨，已經造成全球各市場出現缺車潮，此次「長賜輪」擱淺恐造成車用零件缺貨，在缺少其他零件的情況下，汽車組裝廠可能會再次停工，導致缺車情況雪上加霜。

貨櫃輪與散裝輪

貨櫃為大宗物流運輸業中，最常見的單位裝載用具。貨櫃的特色，在於其格式劃一，並可以層層重疊，貨物裝載之後，在水陸空轉運的過程中就不需要再多次裝卸，大幅提高貨物裝卸效率並降低成本。

貨櫃船的裝載單位是以 20 英呎標準貨櫃容量為基準，稱為 TEU。一般貨櫃輪裝載容量為 5,000~8,000 TEU。目前世界上最大裝載容量貨櫃輪是丹麥快桅集團的 3E 級貨櫃船，裝載容量為 18,000 TEU，自 2013 年 7 月起陸續開始正式航行。

1,000 箱貨物要上、下貨車，必須搬運 2,000 次，若使用棧板裝載貨物，每個棧板可裝 20 箱貨物，那就只需要搬運棧板 100 次，若使用貨櫃裝載棧板，每個貨櫃可裝 50 個棧板，那就只需要搬運貨櫃 2 次。

根據實驗發現，將啤酒分別以貨櫃船與散裝船載運，由紐約至歐洲，以貨櫃船載運的啤酒單位運輸成本，居然僅僅是散裝船單位成本的 5% 而已，這就是為什麼今天海運船舶大多數是貨櫃船。

貨櫃改變運輸業

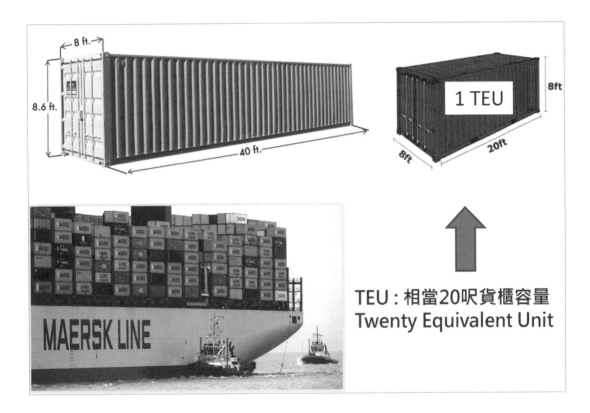

○ 貨櫃船最早的發想：

由於公路塞車，利用海運便可避掉壅塞的公路，貨車到港口後將貨車直接開上貨船，貨船到港後又直接將貨車開下船，這樣的確省了不少時間。

○ 第一次改良：

貨車的車頭太占空間了，若只運載車體，那輪船便可多出許多容量來載貨，因此只讓貨車車體上船，到港後再由拖車將車體拖下船，如此貨船載運量便可大幅增加。

○ 再次改良：

貨車車體只能擺在貨輪甲板上，載運量還是有限，因此尋思著：「若將車體輪子拿掉，不就是一個可以堆疊的鐵箱子？」，這就是今天貨櫃、貨櫃船的雛型了。

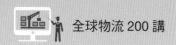
 # 貨櫃輪運載量

一般載運能力：5千~8千 TEU

邁克凱尼·穆勒號
世界最大：1.8萬 TEU

海運是一般人比較不熟悉的，但卻是主最要的洲際運輸方式，原因是各大洲之間以海洋分隔，陸運無法勝任，空運運量低、單價高，因此海運是大宗物資最佳的運送方式。

海運所用的輪船主要分為：散裝輪、貨櫃輪 2 種，本單元主要介紹貨櫃輪，在中國貨櫃又稱為集裝箱，標準貨櫃有 2 種尺寸：20 呎、40 呎，兩種貨櫃的高度、寬度是一樣的，只有長度的差異，因為規格一致化，因此可以作積木式堆疊。

一個 20 呎櫃的容量稱 1 個 TUE，一個 40 呎櫃的容量稱 2 個 TUE，一般貨櫃輪的裝載量為：5 千～ 8 千 TUE，目前全世界最大的貨櫃輪裝載量為 1.8 萬個 TUE，最大航速可高達 60 海里（110 公里），裝載貨物價值可高達 4 億美金，船舶設計採取：大量、高效、環保的 3E 理念。

新冠疫情全球貨櫃短缺

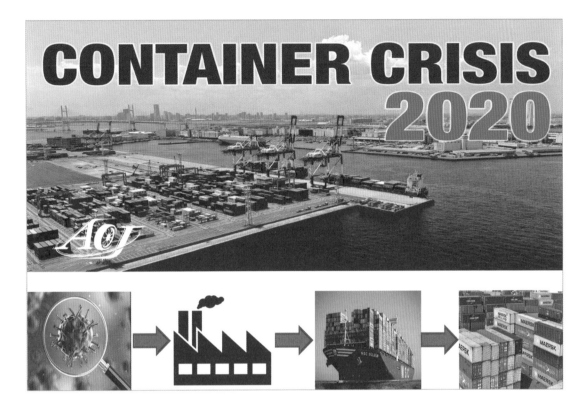

2019 年底新冠疫情在中國武漢引爆後，病毒開始大規模在全球肆虐，各國政府展開一系列的抗疫作為：隔離、關廠、封城，造成供應鏈停擺，航運產業蕭條，一年後供應鏈恢復生產了，但航運業卻因缺少貨櫃導致運費大幅飆漲。

1. 2020 年初，疫情爆發，中國停產，航運業看淡景氣，造新櫃數量大減。

2. 2020 年 7 月，民生必需品及航運需求開始復甦，中國恢復生產，接到大批防疫物資訂單，出口急速增加。（貨櫃由中國流向歐洲、美國）

3. 歐美國家出口不振，船公司減航班。（空貨櫃滯留在歐美等地）

4. 年底歐美購物旺季拉貨潮帶動航運需求。（貨櫃由中國流向歐美國）

5. 疫情影響：碼頭缺工、拖車司機缺工，造成貨櫃運作速度降低。

由於全球缺櫃，因此各大航商要求貨櫃輪以全速航行，在冬季海況惡劣下數度造成貨櫃落海的事件，更加重缺櫃問題。

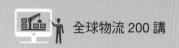

 專有名詞

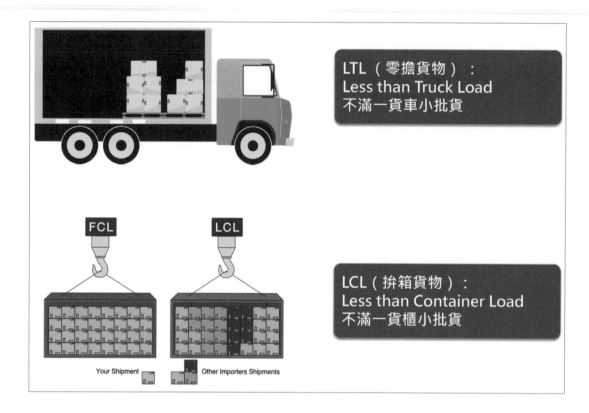

小工廠、小商家接小訂單，貨物量不滿一部卡車，這樣的委託運送貨物我們稱為 LTL（零擔貨物），LTL 對於卡車運能是一種浪費，對於貨主而言運費更是高昂，貨運公司為服務客戶就會提供併車的服務，將多批 LTL 併為一車，貨運公司增加收入、委託貨主降低運費達到雙贏，這就是一種資源整合。

若是小批量商品要出口，貨量不足一個貨櫃，這樣的委託運送貨物我們稱為 LTC（拼箱貨物），物流公司同樣提供併櫃服務，來達到服務客戶、資源整合的效果。

航空運輸的演進

航空運輸的演進史：

人類的航空事業迄今不過短短兩百餘年，發展速度卻是突飛猛進，突破了山川海洋與距離的地理限制，大幅縮短了兩地之間的時間、距離，進一步促進商業旅客及貨物的流通與運送，航空運輸工具演進如下表：

年代	事件	說明
1911	人類首度飛行	萊特兄弟發明飛機
1926	液體燃料火箭發射	美國
二戰末期	導彈	將彈頭準確地送到目的地
1957	人造衛星	蘇聯
1961	載人火箭	蘇聯
1981	太空梭	美國

航空貨運業

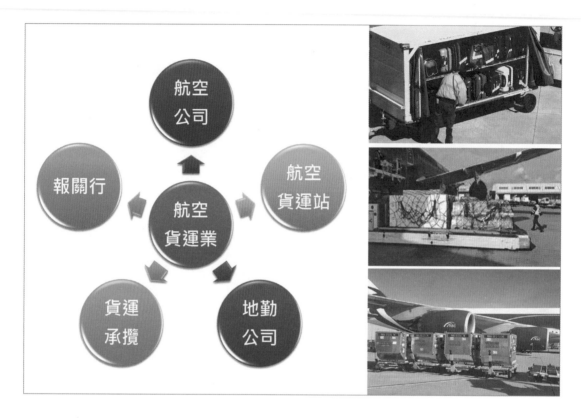

除了航空公司作為主要運送人外，航空運輸業還包含以下業者：

航空貨運站或航空貨物集散站	專供進出口貨拆打盤、拆併裝櫃或儲存未完成海關放行手續的進出口貨物的場所，桃園機場航空貨運站有：華儲、榮儲、永儲、遠雄四家業者。
地勤公司	其主要工作：引導航機到離機場、旅客行李、貨物、餐飲的拖運裝卸等。
航空貨運承攬業	業務內容為辦理航空貨物的集運工作，即將不同託運人交運的貨物，一次交付航空公司承運出口，或將航空公司進口的貨物分別交付給貨主。
報關行	業務內容為代理貨主繕打進出口報單、遞送報單、申請驗貨、領取貨樣、會同查驗貨物、簽證查驗結果、繳納稅捐及規費、提領放行貨物等。

國際主要快遞業者

UPS （優比速）	是一家美國的貨運航空公司，其總部位於肯塔基州的路易維爾，使用路易維爾國際機場作為其基地機場，是全世界規模最大的快遞業者。
FedEx （聯邦快遞）	是一家美國的貨運航空公司，提供隔夜快遞、地面快遞、重型貨物運送、文件複印及物流服務，總部設於美國田納西州。其品牌商標 FedEx 是由公司原來的英文名稱 Federal Express 合併而成。為世界前三大航空快遞公司。
DHL （德國郵政）	DHL 為最早進入亞洲市場者，藉由與 7-11 合作，其收貨密集且廣布在臺灣各地，並將收貨時間延長為 24 小時。 國際航空快遞業者整合航空運輸業、貨運承攬業、內陸運輸業及航空貨運集散站與報關業，提供從發貨到收貨之全球性「戶到戶」全程服務。

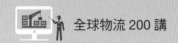 管線運輸

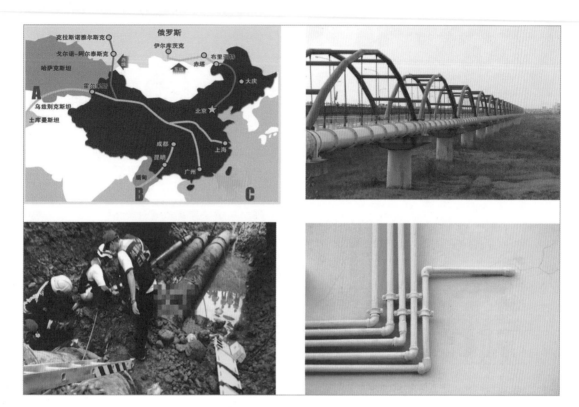

> 管線運輸的優勢：

管線物流的初期基礎設施投資相當大（管線的配置），後續的營運成本相當低（管線的維修與更換），例如：家中瓦斯、自來水打開龍頭就可使用，「自來水」這個名稱把運輸的過程解釋的非常貼切，自己跑到你家的水，很明顯的，以長期來看，以管線送水比開車運水的成本低太多了。

> 國際間的管線運輸：

日經中文網報導：

「俄羅斯總統普丁與中國國家主席習近平在北京舉行會談，同意除中俄東線天然氣管道建設外，將儘快啟動西線天然氣計畫，在東西兩條管線全部完工之後，中國目前天然氣年消費量的 40% 以上將來自透過低成本管線運輸的俄羅斯天然氣。」

案例：管線物流與公共安全

台灣石化區嚴重工安事件

新加坡裕廊島石化區

2014 年高雄市區內發生大規模氣爆，造成 32 人死亡，包括三多一、二路、凱旋三路、一心一路等多條重要道路嚴重損壞，事後經調查認定為丙烯爆炸所致，原來馬路下方暗藏密密麻麻的化學原料管線！

新加坡面積比新北市還要小很多，而且不生產石油，卻是一個石化業王國，花了 10 年時間，透過填海造陸，將 7 個人工小島連成一座面積 3,200 公頃的「裕廊島」。

裕廊島是全球前 10 大石油化工中心，完善基礎建設，吸引外商進駐，防爆炸意外的安全演練做到滴水不漏，就是這樣良好的環境及條件，讓不產石油的新加坡，也能發展石化產業。根據統計：能源和石化行業貢獻新加坡製造業總產值的 3 分之 1。

對照台灣近年來所發生的石化工安事件、雲林麥寮成為癌症的故鄉，新加坡政府在發展經濟的同時，盡最大可能做到環境保護與公共安全，這是值得全台灣人民學習的。

運輸方式選擇的基準

陸、海、空運輸各有優、缺點,其中又包含多種運輸工具,以下是選擇的 4 個基本原則:

成本	商業行為中,成本是優先考量的因素之一,海運算是大量遠距離運輸的第一選擇,卡車算是短距離運輸的首選。
時間	目前最快速的長距離運輸工具當然是飛機,但成本太高,在某些國家已經使用高速火車來進行長距離運輸,除了快速,還必須講究時間準確性,海運、空運都容易受天候影響,因此必須考慮配套方案。
地理	陸運雖然經濟實惠,但有些地方到不了。 例如:台灣跨海到美國,目前尚無海底隧道。 例如:台灣跨海到澎湖,目前尚無跨海大橋。
方便	將商品由供應方門口直接送到需求方門口是最方便的,目前只有卡車、無人機可以做到。

陸運工具的替代

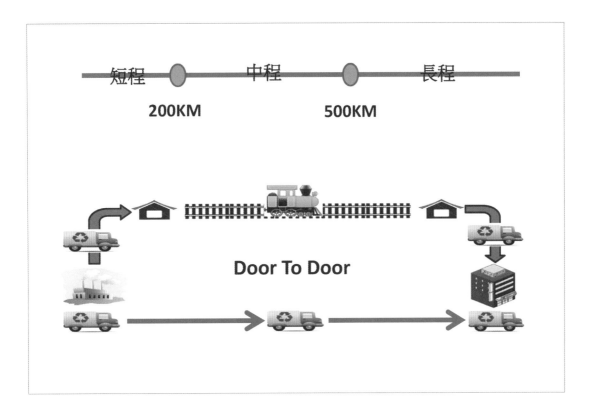

以距離作為交通工具替代的分析：

> 短程運輸：200KM 以內

早期以火車為主，有了汽車後以後，汽車取代火車

> 中程運輸：200KM 以上

公路品質進步 → 路網形成 + 車輛性能提升 → 汽車取代火車

汽車的優勢：Door To Door 配送

> 長程運輸：500KM 以上

火車性能提升 → 高速鐵路取代飛機

> 洲際、國際運輸：1000KM 以上

飛機安全性、經濟性提升 → 空運取代海運

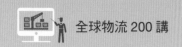

海運 → 空運 → 陸運

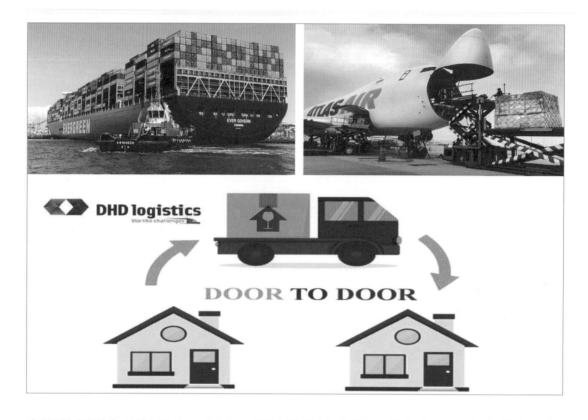

海運的優點為運輸量大、便宜，但缺點是速度慢、班次少，因此當航空運輸出現後，由於商業競爭激烈，在客戶要求快速回應的需求下，高單價產品運輸逐漸採用空運。

鐵路運輸的優點與海運相同，也是運輸量大、便宜，缺點也是速度慢、班次少，更無法達到戶對戶（Door To Door）配送，因此當公路運輸漸漸成熟後，在客戶要求快速回應的需求下，公路運輸逐步取代鐵路運輸。

由於台灣南北距離只有 400 公里，搭飛機大約需要 40 分鐘，火車行程需要 4 小時，兩者比較飛機當然有絕對的優勢，因此商務旅行一般都選擇飛機，但當高速鐵路出現後，台北←→高雄行程只需要 90 分鐘，車站的轉接比飛機場轉接方便，又免除候機檢查時間，加上高鐵班次密集每 30 分鐘一個班次，國內商務旅行，高鐵取代了飛機。

複合式運輸

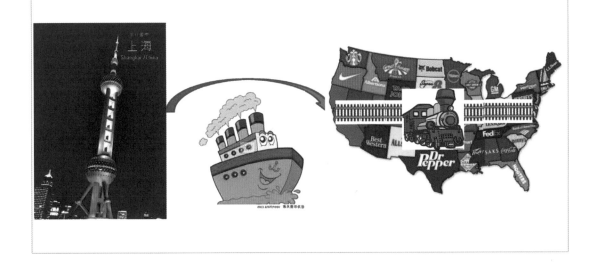

上海港 → 美國長堤港 → 美國紐約港 → 德拉瓦州
　　海運　　　　　鐵路　　　　　　公路

在跨國性的國際運輸中，常因為地理條件之限制，或考量時效性、運輸成本、安全性或服務品質之需求，採取複合式運輸模式來規劃行程，舉例如下：

海運 → 公路	從美國至台北的貨物，除須經由船舶的海上運送外，內陸運輸方面還須透過貨櫃拖車從高雄港或基隆港把船上卸下的貨物運至收貨人的工廠。
海運 → 鐵路	從台灣出口到美國內陸或東岸的貨櫃，會在美國西岸港口卸下，再利用鐵路載運至美國內陸城市或東岸港口，比起全程由海運運送，節省 2 至 5 天的時間。
海運 → 航空	從廈門出口至美國的航空貨物，在旺季時常會發生因航空艙位容量不足，承攬公司便會安排以海運方式從廈門運至高雄港卸下貨物後，再經由內陸運輸送至桃園機場轉飛往美國的貨機。

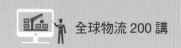 海底隧道、跨海橋梁

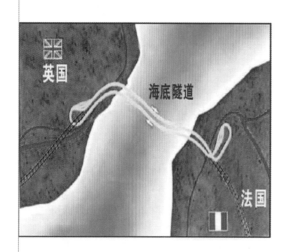

英法海底鐵路隧道
全長：50.5公里
海底：37.9公里 (世界第一)

港珠澳大橋
全長：55公里
全世界最長的跨海距離

英法海底隧道是一座 50.5 公里長的海底鐵路隧道，位於英吉利海峽多佛水道下，連接英國的福克斯通和法國加來海峽省的科凱勒，該隧道的海底部分長度以 37.9 公里成為世界第一，英法海底隧道承擔著高速列車歐洲之星、汽車擺渡列車歐隧穿梭的行駛。隧道兩頭分別與法國高速鐵路北線和 1 號高速鐵路相接。

港珠澳大橋是連接香港大嶼山、澳門和廣東珠海的大型跨海通道，現為全世界最長的沉管隧道以及世界跨海距離最長的橋隧組合公路，港珠澳大橋不僅涉及香港內部商業大集團的利益，而且還牽涉到粵港澳三地政府的未來發展規劃及長遠利益。大橋建成後，由香港來往珠海、澳門、廣東沿海城市只需要幾十分鐘，有研究顯示；香港四大支柱行業——金融業、貿易物流業、工商專業及支援業、旅遊業，將可擴展市場至珠三角西部地區；此區域經濟也會影響廣西、海南、雲南、貴州及四川等省份。

海、空運運量比較

最大運量：600噸　　　　最大運量：156,000噸

250
倍

安托諾夫An-225運輸機　　　　邁克凱尼·穆勒號

2018運量：1.51億TEU

空運在時間考量上，比其他交通工具有絕對的優勢，但載運量及成本考量上，與海運相比卻遜色太多，目前全世界最大的蘇聯安托諾夫運輸機最大運量只有 600 噸，最大的邁克凱尼 - 穆勒號貨櫃輪最大運量高達 156,000 噸，是空運的 250 倍。

曾有人實驗以飛船作為運輸工具，但最終都未能達到商業運轉的條件，隨著科技日新月異，消費者的要求日益嚴苛，企業競爭加劇，對於成本管控及效率提升的要求日趨加重，新的運輸工具不斷被研發、測試，無人機、無人車目前都進入實用性測試，Amazon 甚至研發高空倉儲，物流中心就漂流在雲端，不占土地面積，由天上直接向地面發貨，這不是科幻情節！就如同阿凡達電影一樣，這些科幻情節將在日後一一落實在我們的生活中。

 課外小常識：
40 呎貨櫃運費 $1,300（由亞洲到美國），一台平板電腦只需 $10 運費。

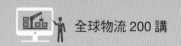
未來物流：火箭運輸

2020 年 10 月 11 日，美國國防部運輸司令部和伊隆·馬斯克（Elon Musk）旗下太空公司 Space X 聯手研究使用火箭透過太空運送貨物，在幾分鐘內向地球上任何地方的美軍運送急需物資。雖然這個想法在技術上是可行的，但依然存在著幾項挑戰，包括高額成本和準備時間等等。

> 一架 C-17 Globemaster III 重型運輸機以每小時 800 英里的速度飛行，從加州到日本沖繩需要 12 個小時。然而，火箭可以在 30 分鐘或更短的時間內完成這段旅程。

> 到目前為止，Space X 已經發射了近 100 枚火箭，只有兩次完全或部分失敗。在運送補給任務中同樣重要的是成功著陸，該公司在這方面也取得了相當大的成功。

當然，火箭發射成本與火箭發射的前置準備時間是目前最大的瓶頸，筆者相信，問題將隨著時間而化解！

路網與路線的差異

台北捷運	高雄捷運
200萬人次／日	15萬人次／日

資料統計：2020年10月

台北捷運系統的優勢分析：

- ⟩ 捷運的路線密度相當高，提供絕對的便利性。

- ⟩ 捷運路網整合公車路線網，對於較為偏僻的鄉鎮提供轉乘服務。

- ⟩ U-Bike 微笑單車系統又與路網整合，對於城市觀光提供友善交通環境，並對上班族通勤族提供戶對戶的交通方便性。

高雄捷運系統的先天宿命：

對照台北捷運今日發展的狀況，高雄捷運規劃時就犯了先天性的錯誤，為了選票而蓋捷運，高雄人口密度不足，財政能力更不足，因此只規劃南北、東西兩條路線，當捷運的方便性不夠時，通勤族就會選擇其他交通工具，這就是高雄市民們為何多數還是騎摩托車、開車的原因。

高雄市政府為解決路網不夠密集的先天缺憾，目前增設一條環狀線，以輔助原有路網之不足，但這種作法還是頭痛醫頭、腳痛醫腳，以筆者的外行見解，輕軌環線最起碼得繞 5 圈，否則方便性還是遠遠不足。

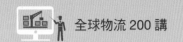
 # 交通運量規劃

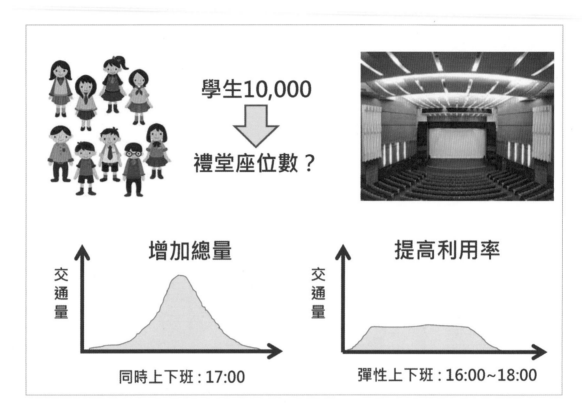

某高中有學生 10,000 人，每星期要舉行全校性週會，需要蓋一個容納 10,000 人的大禮堂嗎？太浪費了！更沒有必要，將 3 個年級的週會分開舉行，禮堂的容量就只需要 4,000 人，大量節省經費並提高使用率。

那交通阻塞的問題呢？加大路面寬度，從 2 線變 4 線、4 線變 8 線就不會塞車了，聰明！如果人口密度再增加呢？再將 8 線變為 16 線，可能嗎？都市計畫會預留這麼寬的道路預定地嗎？全世界著名的都市幾乎都沒有拓寬馬路的能力了，因此普遍採取地下捷運來紓解交通壅塞，但仍然是趕不上交通惡化的速度。

大都會街道、高速公路在非尖峰時段是不會塞車的，因此最佳解決方案是將尖峰時段車流引導至非尖峰時段，當然配套措施就是彈性上、下班時間制度的實施，甚至使用科技工具，採取員工在家上班制度，成功的話，對於員工、企業都是雙贏，但難的是：改變老闆的心態、創新管理模式！

新冠疫情來了！國際化企業率先實施【在家上班】了！

海峽兩岸的海運

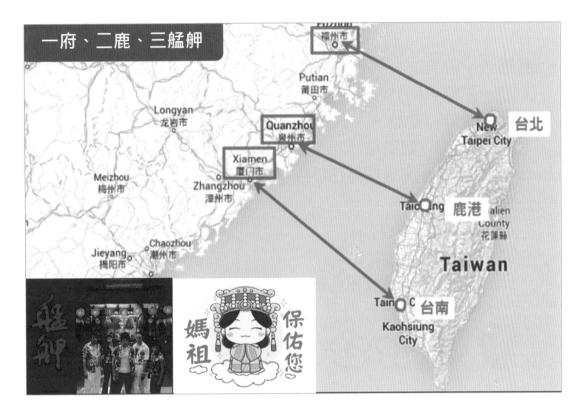

除了原住民之外，台灣的先民都來自於中國，早期海上運輸是相當發達的，台灣與中國相對應的口岸為：艋舺（台北）對福州市、鹿港（台中）對泉州市、台南對廈門市。

由於漁民眾多，出海需要神明保佑，大多信奉媽祖，因此目前兩岸文化宗教交流中，媽祖回鑾是一個相當重大的慶典。

對於通商口岸的繁榮，民間流傳一句諺語：「一府、二鹿、三艋舺」，由此可知早期城市發展，台南府城是最為繁榮的，常說台南人嫁女兒是嫁妝一牛車，確實是有根據的，台北今天的繁榮是因為國民政府遷台，作為首都後的建設。

兩岸小三通的對開口岸：「金門—廈門」、「金門—泉州」、「南竿—福州馬尾」、「北竿—福州黃歧」，目前在新冠肺炎影響下，全部停止交流。

台灣鐵、公路發展

- **鐵路**
  - 清朝：基隆→新竹
  - 日本：基隆→高雄
  - 民國：1973：鐵路電氣化
  - ：2007：高速鐵路(BOT)
- **公路**
  - 日本：縱貫道（碎石）
  - 民國：1965：台1線
  - ：1978：中山高速公路

臺灣鐵路發展史：

清朝	劉銘傳開始興建台灣鐵路。
日據時代	臺灣總督府成立了「鐵道部」掌管鐵路運輸。
1973 年	十大建設中，鐵路建設為鐵路電氣化、北迴鐵路。
1991 年	南迴線完工通車，臺灣的「環島鐵路網」正式完成。
2007 年	台灣高鐵全線通車。

台灣高速公路發展史：

國道一號	中山高速公路，1978 年全線通車，北起基隆、南迄高雄。
國道三號	福爾摩沙高速公路，2004 年全線通車，主要功能為疏散中山高速公路趨近飽和的交通流量。 1. 南北向高速公路：1、3、5 號（單數） 2. 東西向高速公路：2、4、6、8、10 號（偶數）

中國陸運交通網

中國鐵路網
八縱八橫

中國公路網
以北京為中心
7條放射線

交通建設為一個國家經濟發展命脈，中國文革期間，所有建設呈現停滯狀態，1978年鄧小平提倡改革開放後，中國才開始進行現代化經濟建設，其中最重要的基礎工程莫過於鐵路網、公路網。

鐵路運輸由國家開辦，擁有大量運輸的優勢，作為國家運輸的大動脈，因此發展都比公路運輸來的早，中國整體鐵路網的規劃就如同上圖：由八縱八橫路線組成路網。

公路運輸的優勢是小量多批次的到府運送，作為國家運輸系統的分支，公路由政府鋪設維護，汽車由民間自行負擔，因此在經濟發展到一定程度後，公路運輸才會蓬勃發展，中國的公路網的規劃就如同上圖：是以北京為中心的7條放射線所組成的路網。

中國高速鐵路是目前世界上最大規模的高速鐵路網，2008年第一條京津城際高速鐵路建成通車。截至2018年12月總里程達2.9萬公里。

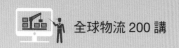

 # 美國鐵公路發展

第一條鐵路
1869：運送農產品
愛荷華→加里福尼亞

66號公路
1926：行軍
芝加哥─洛杉磯

由美國東岸到西岸，馬車走完這段路程要花數個月時間，船運也要花上幾個星期，第一條橫貫美國大陸的鐵路於 1876 年建成，特快火車由紐約市出發到達舊金山僅花 83 小時 39 分鐘，從此，更快、更安全、更便宜的火車逐漸取代驛站馬車及篷車隊交通線。

美國在 1916 年開始立法興建公路，1926 年正式把從芝加哥到洛杉磯連接起來並且命名為 66 號公路，1930 年代美國發生經濟大蕭條，有 21 萬的美國居民從五大湖區經過 66 號公路移民至加州生活，這條公路是美國當年的生活大動脈，被稱為 Mother Road，這條全長 2,400 英哩的 66 號公路提供了許許多多失業年輕人的就業機會，各州的失業人口都投入修築興建公路的工作，所以也被稱為希望之路（Road to Opportunity），第二次世界大戰的戰爭動員，這條 66 號公路又發揮了軍事補給的運輸功能，也提供了更多的工作機會。

交通建設 → 城市發展

⟩ 汽車要跑就得加油，公路上的加油站自然多了起來，漸漸成為連鎖經營模式，並提供一些簡單的汽車保養服務。

⟩ 長途旅程又會產生過夜住宿的需要，所以簡易的旅館也一家一家的開起來，開始的時候只提供過夜的營地，讓所有汽車都可以一起搭棚過夜，並提供盥洗設備免費洗衣服以及日常出門生活的需要，這就是早期美國旅店 Cottages 的由來。

⟩ 慢慢地有些旅客要求客房，於是有汽車旅館（Motel Inn）的形成，當然漸漸的也成為連鎖經營。

⟩ 接著宵夜酒吧也跟著出現。

⟩ 提供上述服務的員工有採購需求、住房需求，一個個美國的小城市就慢慢的一個點一個點的在各地出現了。

中、美交通發展策略差異

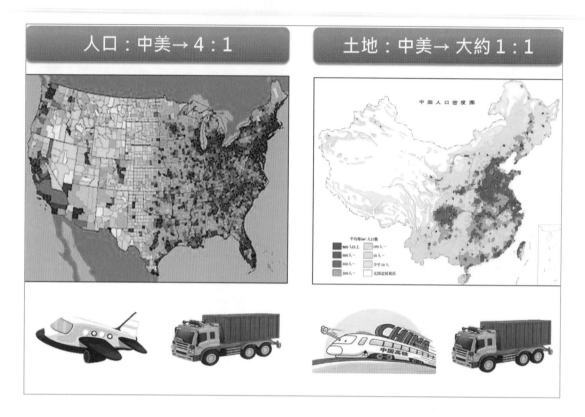

美國的高速公路網是全球最密集最完整的，中國的高速鐵路發展是全球第一，美國沒有高速鐵路，卻擁有最大的全球航空運輸體系，很明顯的，兩個國家基本條件不同，交通建設的策略也是不同的，分析如下：

> 美國以汽車工業帶動整體經濟的戰略思考，因此鐵路建設相對落後。

> 美國鐵路長途運輸的部分，需要時效的由飛機取代，不具實效的由公路運輸取代。

> 中國人口數比美國多了 4 倍，人均所得只有美國 1/6，空中運輸是一種高質量、高單價的運輸方式，因此不適於以空運作為長途運輸的主力。

> 中國 14 億人口，要在最短時間內建設有效的運輸系統，最佳選擇當然是採取鐵路運輸的最大優勢：運輸量大、單價低。

> 中國現代化交通建設晚了美國 30 年，缺乏汽車工業紮實基礎，採取高速鐵路發展策略可實現彎道超車的效益。

德國高速公路網

第二次世界大戰期間德國的高速公路網不但連接國內重要城鎮，還通向周邊國家，使得德國的軍隊可以迅速移動到任何地方。

美國汽車巨頭亨利 - 福特的自傳《我的生命和工作》對希特勒產生了巨大的影響，希特勒一上臺就開始推動在全國修建高速公路網，這是當時最先進的公路網，對高速公路的工程品質提出嚴格的規範，這些規範也是成為日後各國修建高速公路的準則：

1. 雙向四車道，路寬 34 米，中間有隔離帶
2. 每隔約 200 米會豎起一個反光亮片水泥柱，夜晚會在車燈照射下反光
3. 路面經特殊處理，雨天不打滑
4. 坡度很小，有足夠的視野、還有緊急停靠地帶、高架橋、立交橋
5. 每隔一定距離設置加油站
6. 必須讓軍車 1 天內橫貫德國的東西南北
7. 特定路段必須能起降飛機

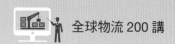
 # 運輸與配送差異

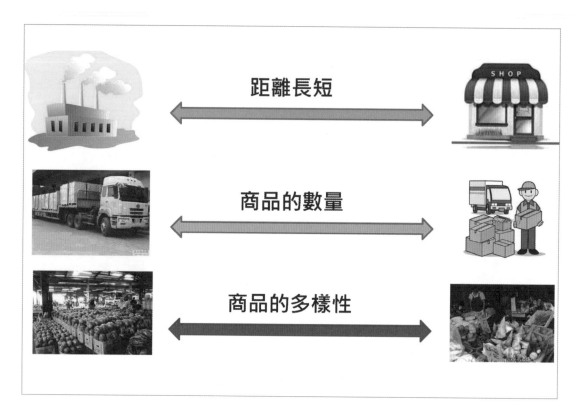

運輸與配送兩個用詞在學理上並無嚴格定義、規範,本單元將做一個簡單的區分:

距離	長距離稱為運輸(跨縣市),短距離稱為配送(區域內)。
數量	數量大稱為運輸(大貨車、火車),數量少稱為配送(小卡車)。
多樣	種類少稱為運輸(果菜公司),種類多稱為配送(傳統市場)。
績效	運輸的績效著重在成本效率(大宗物資運送) 配送的績效著重在客戶滿意度(小量多樣的宅配)。

這只是一個大致上的分類,用以協助讀者閱讀相關資料時不至於產生字義的混淆。

配送：B2C、C2C

B2C 從廠商到客戶	家電商透過物流公司將電視機配送到顧客家中，並提供安裝服務。集貨端為相對固定的廠商，單一廠商的托運數量大，業務週期固定，物流公司容易做相對應的業務配合與擴展，但毛利較低。
C2C 客戶對客戶	年節到了，我將迪化街買來的海味，透過物流公司寄給妹妹。集貨端為不特定的個人有季節性或週期性的變化，單一客戶的單次托運量大多為 1~2 件，無法預期何人何時託運，物流公司難以預估業績，相關的業務配合與擴展不容易掌握，但毛利較高。

不過隨著經濟的發達，宅配所提供的服務越來越貼心，人們的生活中對宅配的需求也越發依賴，以下是幾個時興的 C2C 服務：

A. 寒暑假學生行李　B. 年貨大街　C. 高爾夫球具託運　D. 滑雪裝備託運

配送 Delivery

電子商務最後一哩路在於「宅配」，由於生活環境、習慣的差異，各國宅配的運作模式都不相同，台灣因為有超高密度的便利商店，因此包裹的寄送、收件都可由便利商店代理，應該是全世界最方便的，美國的包裹寄送有專門的商店，每一家店代理多種快遞公司服務（上圖：左下角），由於美國大多是社區獨棟式住宅，因此收件就在自家門口，不必簽收也少有遺失的情況。

台灣的非都會區或是較大件商品還是會宅配到家，送貨司機就同時執行送貨服務員的工作，採取簽收制，因此必須與客戶作面對面服務，早期宅配業務是由貨運公司提供，對於服務品質並不要求，隨著生活水平提高，貨運公司轉型為物流公司，對於客戶服務品質要求提高，貨運司機也由 Driver（司機）提升為 Sales Driver（業務司機），是公司的業務代表。

⊙ 台灣商品配送能不能學美國一樣，直接放在住家門口？一定得簽收嗎？

社會進步 vs. 配送

1. 訂報紙，早上 06:00 送到你家，按門鈴要求簽收…

2. 訂牛奶，早上 05:30 送到你家，按門鈴要求簽收…

有嗎？為何報紙、牛奶就不必簽收呢？有人說：「價值低就不必簽收」，哪請問多少錢以下界定為價值低？事實上報紙、牛奶一樣有人偷，跟價值高低沒有必然關係，只是為了 10 塊錢吵醒人，客戶是會翻臉的，因此公司願意承擔失竊的風險，這就對了！風險管理才是讀書人的決策模式。

30 年前台灣所得水準不高，教育水平不高，貪小便宜的人非常多，商品失竊的風險非常高，因此商品配送必須採取簽收制，30 年後的今天，生活條件有了巨大的提升，再加上所有路口、巷口、社區都安裝了監視器，在這樣的條件下，請問失竊率有多高？簽收所規避的風險相較於不必簽收所帶來的成本降低，哪一個績效較高呢？時代變了，科技進步了，卻還是沿用 30 年前的管理模式！

▷ 新冠疫情下，餐飲外送不必面交的服務為何產生了？

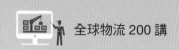
 偏鄉物流解決方案

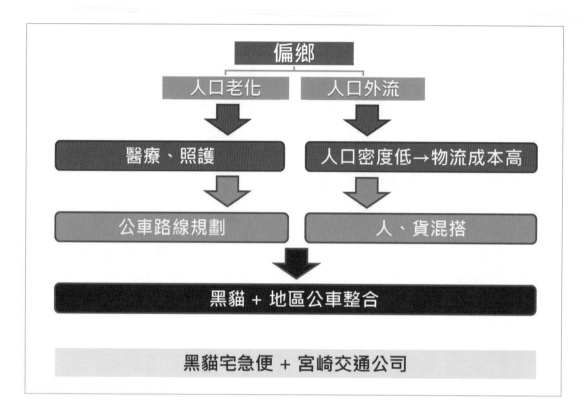

偏鄉配送由於人口密度低、距離遠，可以說是不賺錢的買賣，但是服務卻不能不作，因此各個物流業者絞盡腦汁，希望能夠轉虧為盈，以下是目前幾種變革做法：

1. 物流業者與大眾運輸系統結合

   例如：日本物流業以偏鄉的公車作為貨運的交通工具，達成雙贏。

2. 以無人機配送偏鄉商品

   由於無人機飛行距離有限，因此可搭配：火車、便利商店、行動便利商店，作為無人機起降點。

總之，在地面交通壅塞的今天，物流配送朝向空中發展，是目前最符合成本效益的做法，而成功的先決條件在於各國政府對無人機航空法規的立法進度。

都會集貨點

都會區人口稠密，是配送利潤最高的地方，但也由於人口稠密交通狀況漸趨惡化，以卡車宅配到府的配送方式成本日漸提高，許多宅配的新工具、新方式陸續推出：

1. 以便利商店配送據點的整批配送，人們上、下班時到便利商店領取。

2. 在交通樞紐處（火車站、商場、公車站）設立配送商品儲物櫃，人們上、下班時到儲物櫃領取。

3. 以建築法規規定新大樓必須配置無人機停機坪，供物流配送使用，以方便都會大樓宅配到家。

4. 以無人車自動配送商品至大樓、辦公室、住宅。

科技是死的，管理、應用是活的，必須有規劃完善的配套措施及立法獎勵，創新才能落實，各國政府的效能就在這種地方分出高低。

習題

( ) 1. 以下哪一個項目是現代化運輸的專注議題？

(A) 拓寬道路 　　　　　　　(B) 運輸容量提升

(C) 運輸流量管理 　　　　　(D) 加強基礎建設

( ) 2. 以下哪一個項目不是運輸的經濟作用？

(A) 資源開發效用 　　　　　(B) 時間效用

(C) 空間效用 　　　　　　　(D) 節約能源效用

( ) 3. T 型車是哪一家車廠發明的？

(A) 福特汽車 　　　　　　　(B) 賓士汽車

(C) 豐田汽車 　　　　　　　(D) 特斯拉電動車

( ) 4. 以下哪一個國家不是磁浮列車產業的領先者？

(A) 日本黑貓 　　　　　　　(B) 美國

(C) 中國 　　　　　　　　　(D) 德國

( ) 5. 以下哪一種新能源是目前車輛產業的發展主流？

(A) 太陽能電池 　　　　　　(B) 燃料電池

(C) 電力電池 　　　　　　　(D) 核能電池

( ) 6. 以下有關於運輸船破的敘述，哪一個項目是錯誤的？

(A) 平底設計可增加載運容量

(B) V 型底設計可抵抗較大的風浪

(C) 海洋貨輪提供長距離運輸

(D) 海洋貨輪採取平底設計

( ) 7. 以下有關於運河的敘述，哪一個項目是正確的？

(A) 蘇伊士運河貫穿了印度洋與地中海

(B) 蘇伊士運河貫穿了印度洋與大西洋

(C) 巴拿馬運河貫穿了太平洋與印度洋

(D) 巴拿馬運河貫穿了大西洋與印度洋

（　）8. 以下有關於貨輪的敘述，哪一個項目是錯誤的？

    (A) 貨櫃輪的裝卸效率較散裝輪高

    (B) 貨櫃輪的裝卸成本較散裝輪高

    (C) 20 英呎標準貨櫃容量為 1TEU

    (D) 一般貨櫃輪的容量大約為 5000~8000TUE

（　）9. 以下有關於貨櫃輪起源的敘述，哪一個項目是錯誤的？

    (A) 開始的發想是為了避免陸運的堵塞

    (B) 一開始是整台卡車開上輪船

    (C) 第一次改良讓車體成為正方形

    (D) 第二次改良去除了車輪

（　）10. 以下哪一個項目不是貨輪設計 3E 理念？

    (A) 大量   (B) 高效

    (C) 環保   (D) 高速

（　）11. 以下哪一個項目不是全球貨櫃短缺的原因之一？

    (A) 景氣過熱   (B) 港口封閉

    (C) 航運投資減少   (D) 歐美外銷景氣不佳

（　）12. 以下哪一個專有名詞的中文對照或解釋是錯誤的？

    (A) LTL：零擔貨物   (B) LTL：滿一貨車的貨物

    (C) LTC：拼箱貨物   (D) LTC：不滿一貨櫃的貨物

（　）13. 人造衛星是哪一個國家發明的？

    (A) 美國   (B) 德國

    (C) 蘇聯   (D) 中國

（　）14. 進出口貨拆打盤、拆併裝櫃是由以下那一種單位執行？

    (A) 地勤公司   (B) 航空貨運承攬業

    (C) 報關行   (D) 航空貨運站

（　）15. 以下哪一家國際航空快遞是最早進入亞洲市場的？

    (A) DHL   (B) UPS

    (C) FedEx   (D) Amazon

（　）16. 以下有關管線物流的敘述，哪一個項目是錯誤的？

(A) 長期成本低　　　　　　　(B) 初期投資額低

(C) 營運成本低　　　　　　　(D) 建設工期長

（　）17. 以下有關新加坡石化業的敘述，哪一個項目是錯誤的？

(A) 從事石油加工出口

(B) 裕廊島是全球前 10 大石油化工中心

(C) 新加坡盛產石油

(D) 裕廊島是填海造陸產生的

（　）18. 有關運輸工具的選擇，以下哪一個項目不是 4 個基本原則之一？

(A) 成本　　　　　　　　　　(B) 時間

(C) 地理　　　　　　　　　　(D) 法規

（　）19. 以下有關於運輸工具的敘述，哪一個項目是錯誤的？

(A) 火車的優勢在於速度快

(B) 汽車的優勢在於門到門的便利性

(C) 內陸運輸高鐵取代飛機

(D) 海運的優勢在於大量

（　）20. 以下有關於火車運輸的敘述，哪一個項目是錯誤的？

(A) 大量　　　　　　　　　　(B) 方便

(C) 便宜　　　　　　　　　　(D) 速度慢

（　）21. 以下有關於跨國性國際運輸採取複合式運輸模式的敘述，哪一個項目不是考量的因素？

(A) 地理條件之限制　　　　　(B) 考量時效性

(C) 國際慣例　　　　　　　　(D) 運輸成本

（　）22. 以下哪一個項目是海底隧道的最主要功能？

(A) 增加運量

(B) 節省成本

(C) 解決交通瓶頸

(D) 以陸運取代海運

( ) 23. 最大貨輪的運載能力大約是最大運輸機運載能力的幾倍？

(A) 250　　　　　　　　　(B) 50

(C) 10　　　　　　　　　(D) 5

( ) 24. 火箭由美洲飛行到亞洲大約需要多少時間？

(A) 3 分鐘　　　　　　　(B) 30 分鐘

(C) 3 小時　　　　　　　(D) 12 小時

( ) 25. 以下哪一個項目是高雄捷運系統失敗的主因？

(A) 高雄人就是愛騎摩托車　(B) 票價太貴

(C) 未能形成便利的路網　　(D) 班次太少

( ) 26. 以下哪一個項目解決交通瓶頸的最佳方案？

(A) 拓寬馬路

(B) 放寬行車速限

(C) 增加義警指揮交通

(D) 彈性上下班時間

( ) 27. 台灣諺語：「一府、二鹿、三艋舺」，其中【一府】指的是哪一個城市？

(A) 台南　　　　　　　　(B) 高雄

(C) 台中　　　　　　　　(D) 台北

( ) 28. 有關台灣陸運發展的敘述，以下哪一個是錯誤的？

(A) 公路南北方向編號是奇數

(B) 北二高指的是第 2 條高速公路

(C) 鐵路建設始於清朝

(D) 台北到宜蘭的高速公路是 5 號

( ) 29. 有關中國陸運發展的敘述，以下哪一個是錯誤的？

(A) 始於鄧小平提倡改革開放後

(B) 由八縱八橫路線組成鐵路網

(C) 中國高速鐵路規模僅次於日本

(D) 以北京為中心的 7 條放射線所組成的公路網

（　）30. 美國哪一條公路被美國人視為希望之路？

(A) 01　　　　　　　　　　　(B) 33

(C) 55　　　　　　　　　　　(D) 66

（　）31. 以下哪一個項目是城市發展的起源？

(A) 交通建設　　　　　　　　(B) 商場建設

(C) 工廠建設　　　　　　　　(D) 住房建設

（　）32. 以下有關中國、美國交通發展策略的敘述，哪一個項目是錯誤的？

(A) 中國以鐵路運輸為主

(B) 中國鐵路是民營的

(C) 美國以公路運輸為主

(D) 美國長途客運以飛機為主

（　）33. 高速公路是哪一個國家發明的？

(A) 美國　　　　　　　　　　(B) 英國

(C) 德國　　　　　　　　　　(D) 法國

（　）34. 以下哪一個項目不是本書中對於運輸與配送差異的比較因子？

(A) 距離　　　　　　　　　　(B) 數量

(C) 多樣性　　　　　　　　　(D) 獲利能力

（　）35. 以下哪一個項目屬於 B2C 配送？

(A) 網購配送　　　　　　　　(B) 寒暑假學生行李

(C) 年貨大街　　　　　　　　(D) 高爾夫球具託運

（　）36. 以下哪一個因素是促成台灣物流發達的最主要因素？

(A) 守法精神　　　　　　　　(B) 超高密度便利商店

(C) 經濟發達　　　　　　　　(D) 交通便利

（　）37. 以下哪一個項目是宅配簽收與否的主要評估項目？

(A) 商品價格　　　　　　　　(B) 守法精神

(C) 風險管理　　　　　　　　(D) 社區安全

（　）38. 以下哪一個項目是以無人機配送偏鄉地區方案成功與否的關鍵因素？
(A) 無人機科技
(B) 無人機成本
(C) 物聯網技術
(D) 無人機配送法規

（　）39. 以下哪一個項目是未來都會集貨點？
(A) 大樓停機坪
(B) 社區超市
(C) 交通要道儲物櫃
(D) 里民辦公室

自動化物流中心

物流中心是指處於樞紐或重要地位、具有較完善的物流環節，並能實現物流集散和控制一體化運作的物流據點，在亞洲我們稱為 Logistics Center，在歐洲人們慣用 Distribution Center。

不同類型的物流據點的功能有所差別，例如：集貨、散貨、中轉、加工、配送等，由於物流中心分佈的地理位置及經濟環境特徵，這種主要功能差別與區域經濟發展要求有很大的關聯。

RFID、感測器、機器人、AR、IOT、AI + Cloud、…，大量的科技創新應用問世，物流產業發展朝向高度自動化、智能化，物流配送效率成為電商產業競爭的核心能力。

專有名詞：
RFID：無線射頻技術、AR：擴充實境、IOT：物聯網

物流中心：功能分類

集貨中心

配送中心

加工中心

轉運中心

送貨中心

集貨中心	是將分散生產的零件、半成品、成品集中成大批量貨物的物流據點。
送貨中心	將大批量的貨物換裝成小批量貨物，並配送到用戶手中的物流據點。
轉運中心	實現不同運輸方式或同種運輸方式聯合（接力）運輸的物流設施，通常稱為多式聯運站、貨櫃中轉站、貨運中轉站等。
加工中心	將運抵的貨物經過流通加工後運送到用戶或使用地點。
配送中心	將取貨、集貨、包裝、倉庫、裝卸、分貨、配貨、加工、信息服務、送貨等多種服務功能融為一體的物流據點，也稱為配送中心（城市集配中心）。配送中心是物流功能較為完善的一類物流中心。

物流中心設計概念

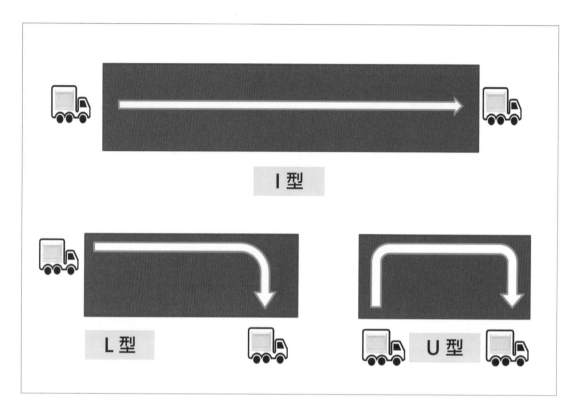

I 型	擁有獨立的出、入貨台，分佈在物流中心的兩端，貨物呈一直線走向。 優點：降低操作人員和物流搬運車相撞的可能性。 缺點：出、入貨台相距甚遠，增加貨物的整體運輸路線，效率較低。 　　　需最少兩組保全負責兩個貨台的監管，增加人員及運作成本。
L 型	把貨物出、入物流中心的途徑縮至最短，貨物流向呈 L 型，需要處理快速貨物的物流中心通常會採用 L 型的概念設計。 優點：兩個獨立貨台可減少碰撞交叉點、適合處理快速流轉的貨物。 缺點：其他功能區的貨物出入效率會相對地降低。
U 型	出、入貨台會集中在同一邊。 優點：只需在物流中心其中一邊預留貨車停泊及裝卸貨車道，對於地少、人工費高的香港來說，這一類型的物流中心是最常見的。 缺點：各功能區的運作範圍經常重疊，降低運作效率。進出物流中心的貨物在同一個貨台上進行收發，容易造成混淆。

物流據點數的規劃

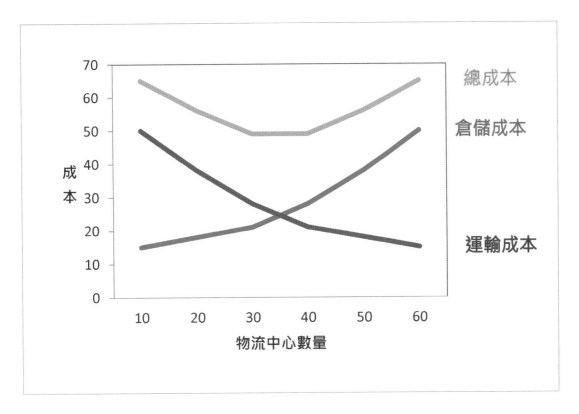

物流據點越多配送距離縮短，配送時間自然縮短，物流中心規模越大，可儲存商品的品項與數量自然較多，採購頻率就可降低，缺貨的機率自然降低，服務水準也可大幅提高，但這一切都會導致成本大幅提高。

物流成本可以歸納為 2 個大項目：倉儲成本、運輸成本，分析如下：

1. 物流據點多：配送快速

    → 倉儲成本提高、運輸成本降低

2. 物流中心規模大：運作效率高

    → 土地面積大、投入資本高

課外小常識：
日本是土地資源稀少的國家，在日本物流設施的平均規模：區域物流中心約 15,000 平方米，配送中心約 7,000 平方米。

物流中心的效益

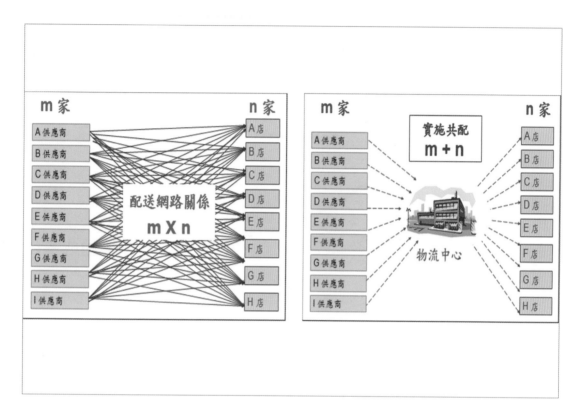

甲供應商要送貨給 A、B、C、D、E 家商店，運輸路線如下：

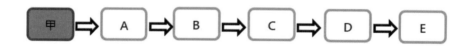

所有的供應商要送貨給 A、B、C、D、E 家商店，除了起始點不同之外，運輸路線與上圖幾乎是重複的，如果市場上有：m 家供應商、n 家商店

結果：配送路線圖將會如左上圖一樣複雜缺乏效率。

現代物流最大特徵就是物流中心的出現，供應商的商品集中至物流中心後，再由物流中心統一配送至各商店。

結果：配送路線圖就會如右上圖一樣簡捷又有效率。

假設：m = 100、n = 10,000

物流中心配送路線效益提升：(100 x 10,000) / (100 + 10,000) 約為 100 倍

HUB：軸輻式物流中心

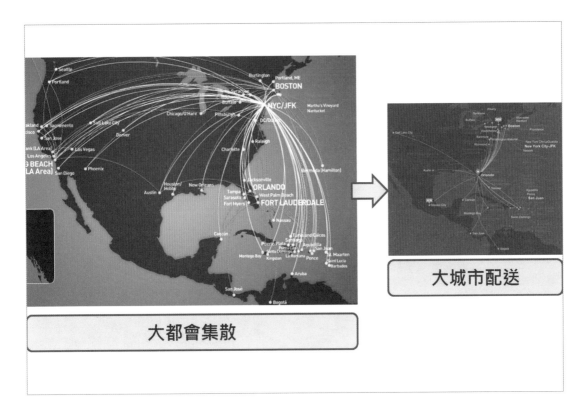

大城市配送

大都會集散

在一個地區，物流中心扮演著貨物集合保管、統一配送的功能，如果把物流範圍由一個區域擴大到全台灣，可能就必須配置北、中、南、東4個物流中心，以輪軸向外擴散方式服務中心周圍地區。

右圖便是統昶物流公司全省物流據點配置圖：

我們再把物流範圍擴大到全世界，各大洲就會有幾個大型物流中心，放射狀服務周圍的國家，每一個國家有有數個中型的物流中心，放射狀服務各地區，每一個地區有數個小型的物流中心放射狀服務周圍的鄉里。

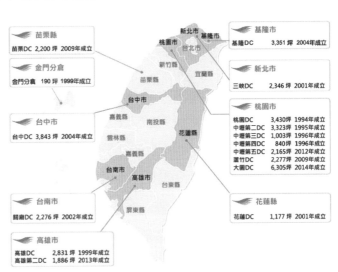

苗栗縣
苗栗DC 2,200 坪 2009年成立

金門分倉
金門分倉 190 坪 1999年成立

台中市
台中DC 3,843 坪 2004年成立

台南市
關廟DC 2,276 坪 2002年成立

高雄市
高雄DC 2,831 坪 1999年成立
高雄第二DC 1,886 坪 2013年成立

基隆市
基隆DC 3,351 坪 2004年成立

新北市
三峽DC 2,346 坪 2001年成立

桃園市
桃園DC 3,430 坪 1994年成立
中壢第二DC 3,323 坪 1995年成立
中壢第三DC 1,003 坪 1996年成立
中壢第四DC 840 坪 1996年成立
中壢第五DC 2,165 坪 2012年成立
蘆竹DC 2,277 坪 2009年成立
大園DC 6,305 坪 2014年成立

花蓮縣
花蓮DC 1,177 坪 2001年成立

物流自動化－揀選

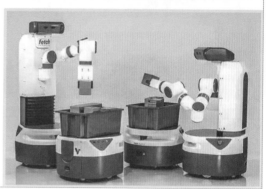

物流自動化發展進程：

第一階段	著重於節省人力，提高作業效率，例如：使用堆高機。
第二階段	著重於物流中心的空間的有效使用，例如：自動倉儲設備的使用。
第三階段	著重於大量、高效率的系統開發，例如：使用智能化機器人並搭配自動化分揀系統及整體物流管理系統。

物流是一個資金、經驗密集的產業，需要大量資金的投入、一套專業的物流倉儲管理系統、長時間對於系統調教的投入，這對於競爭對手可以築起高高的護城河，Amazon 為了提高物流中心作業效率，經過多年實務經驗，自行設計開發專屬物流管理資訊系統，以符合 Amazon 特殊、高效率的作業模式，當然這也是其他競爭對手無法模仿的。

物流自動化－分揀

Amazon 為了提高物流中心作業效率，併購了物流機器人大廠 KIVA System，讓物流機器人的研發成為 Amazon 的核心能力，中國的京東商城也是以先進的物流自動化管理起家，在物流配送效率便明顯上領先阿里巴巴及其他廠商。

生活水平日益提高的今天，消費者對於商品配送的要求日益嚴苛，1 週 → 3 天 → 1 天 → 8 小時，甚至是市區內 4 小時到貨，因此導入智能化的物流管理系統已是所有廠商的基本要求，也唯有不斷的投入資金、研發，才能提高物流中心經營績效，更進一步以超高服務水平拉開與競爭者的距離。

電子商務產業競爭無非 2 個法寶：商品價格、配送效率，根據 Amazon 的飛輪理論策略，物流中心的自動化、智能化，是影響 2 個法寶的重要因素。

目前各大電商更以大數據預估消費者行為，在消費者下單之前，便預先將商品運送至物流中心，以縮短物流配送時間。

商業自動化：品號 → 條碼 → RFID

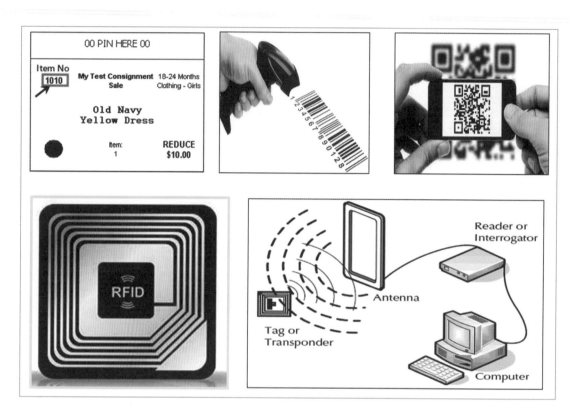

為了提高商品管理作業效率，以下是幾個階段的進化：

商品編號	每一商品賦予一個獨立的編號，例如：19-2013554-01 代表 2019 年生產 - 高級咖啡機 - 白色，讓庫存管理精確化，但是用眼睛看 → 用嘴巴讀商品編號，是沒有效率又容易出錯的。
Bar Code	將商品編號轉換為粗細不一的線條，印在標籤上，以條碼器掃描標籤就可讀取商品編號，相對於使用眼睛、嘴巴，有了很大的進步。
QR Code	又稱為二維條碼，可以儲存大量資料，例如：商品的完整生產履歷、個人報稅明細資料、…，一樣是掃描的。
RFID	無線射頻技術（Radio Frequency Identification），在商品標籤上植入 RFID 晶片，標籤就會主動或被動地發出無線訊號，此訊號可被 RFID 接收器接收，因為是無線訊號發射與接收，因此是整批的、即時的，作業效率比條碼掃描作業快上千、百倍。

RFID 的庫存管理應用

賣場盤點	以 RFID 發射器發出無線電波，商品上的 RFID 標籤晶片接收訊號後，被動式回覆商品編號，有效範圍內一次一批完成。
倉庫進貨	整個棧板的貨物拖進倉庫或整輛卡車開進倉庫，通過倉庫閘門時即完成整批貨物的盤點。
倉儲管理	在貨架上方裝置 RFID 發射器，當貨品被放置入貨架時，便自動感應，當貨品被搬移出貨架時同樣自動感應，庫存資料全自更新。
無人跡盤點	在超大型倉儲空間中，以無人機配備 RFID 掃描器，即可透過過飛行線路規劃進行商品盤點。

科技演進的契機？

改變、創新是一種理想，如何執行、落實呢？

人工盤點進化到 Bar Code 盤點，除了改變工作習慣外，Bar Code 成本是最根本的關鍵，1985 左右筆者剛進入職場，我的公司是進口高級運動休閒飾的代理商，公司引進了 Bar Code 系統，整個百貨公司的專櫃小姐都投以羨慕的眼光：「你們是大公司ㄟ！」，因為 Bar Code 的設備與耗材太貴了，只有單價高的產品可以負擔得起，因此無法普及！

現在連飲料、衛生紙、⋯，幾乎 99.99% 的商品都有 Bar Code，沒有 Bar Code 根本進不了賣場，列印一張 Bar Code 只要幾分錢，整個產業升級到半自動化時代，國際零售巨擘 Amazon、Walmart 為了省下龐大人力費用，便會要求供貨商生產商品時必須列印 Bar Code，台灣廠商導入 ERP 系統也同樣是外商要求下所產生的產業升級。

RFID 可以讓庫存盤點由半自動提升至全自動，「成本」仍然是關鍵因素，降低成本的不二法門：量產！

智慧倉儲管理系統

自動化倉儲物流系統（Smart Warehouse Management System）

倉儲物流系統一般分五個重點：進貨收料、入庫上架、儲存、揀貨、出貨，要精準無誤的管理這五個環節的貨物，都以精準的識別商品身分為前提，因此許多企業便利 條碼掃描器、無線區域網路、無線射頻辨識系統等自動化辨識與資料擷取技術，有效將貨物狀況上傳到中央倉儲系統或物流中 的資料庫統一管理。

一套好的倉儲物流系統， 先要對企業做全方 的考量，根據各個產業別的屬性不同，整合各式的自動化設備，如滾輪輸送機系統、高架存取機、棧板倉儲系統、揀貨系統等，並且能夠與上層 ERP 系統、供應鏈系統徹底結合，所以自動化倉儲物流系統的主要特點為快速、高效、合理的存儲物料、及時準確的提供所需物品。

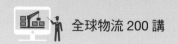

 第三方物流：資源共享

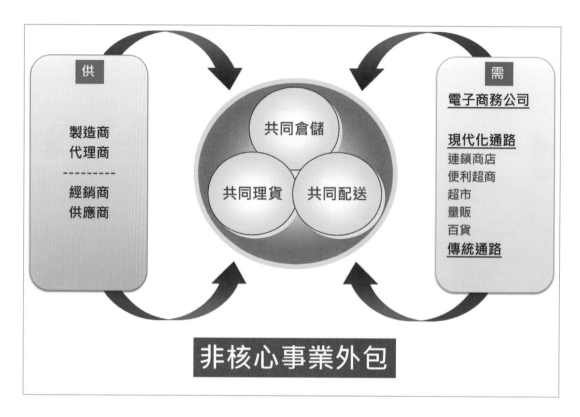

非核心事業外包

製造商專注在生產管理,中盤商專注在通路經營,零售商專注在客戶服務,供應鏈上所有的組成分子各司其職,專業分工將可使效率大幅提升,現代化企業經營講究專業分工,供應鏈上的物流委由專業物流公司來執行,不但效率提高、品質提升,更可降低成本,所謂的第三方物流,就是買賣雙方之外與交易完全無關的專業物流公司,其服務項目包括:

基本服務	貨物的運輸配送、保管儲存、進出裝卸、揀取包裝與庫存資訊處理。
一般加值服務	訂單處理、貨物驗收、貨物的再包裝與流通加工、代辦貨物保險與通關、代收貨款與貨物回收維修整理等機能。
進階加值服務	商品多通路別 FIFO(先進先出)控管、庫存分析與存量控制、供應鏈設計和管理、作業研究與系統規劃、物流成本核算分析等機能。

麥當勞的第三方物流

麥當勞（McDonald's）遍布全球六大洲 119 個國家，擁有約 32,000 間分店，是全球餐飲業知名度最高的品牌，麥當勞專注於本業的經營與管理，思考的是：「有效率地計劃一星期每家餐廳送幾次貨，怎麼控制餐廳和配送中心的存貨量，同時培養出很多具有管理思想的人」，而將「蓋倉庫、買冷凍車」等非本業事務交給物流專業的第三方物流【夏暉物流】公司。

麥當勞利用夏暉物流，為其各個餐廳完成訂貨、儲存、運輸及分發等一系列工作，使得整個麥當勞系統得以正常運作，透過它的協調與連接，使每一個供應商與每一家餐廳達到暢通與和諧，為麥當勞餐廳的食品供應提供最佳的保證，夏暉還負責為麥當勞上游的蔬果供應商提供咨詢服務。

多年來，麥當勞與夏暉維持長期策略夥伴關係，當麥當勞打算開新市場，夏暉很快跟進在該國投巨資建配送中心，因為市場需要雙方來共同培育。

服務整合

誰能為消費者提供最便利的服務，將消費者視為上帝，就能贏得市場，讓消費者只要發出一個指令，後續所有作業、程序，由服務企業全部包辦，我們稱為 One Stop Service，俗稱為一條龍服務。

以上面的流程圖為例，廠商要以貨櫃方式經由海運出口商品，第三方物流公司可以提供一條龍服務：倉儲 → 包裝 → 吊櫃（將貨櫃吊至拖車）→ 運送（倉儲到碼頭）→ 吊櫃（將貨櫃吊至船艙）→ 運送（A 港到 B 港）→ 吊櫃（將貨櫃吊至岸邊拖車）→ 運送（B 港到客戶端）。

在此案例中，客戶只要下訂單即可，所有程序由第三方物流公司包辦了，甚至有些公司連生產製造也外包出去，只專注於企業核心競爭力：商品設計、行銷，例如：Apple。

專業分工是目前產業發展的主流，因此每一企業都必須確認自己在產業價值鏈中所扮演的角色，並提供完整的服務。

討論：中、美物流業發展比較

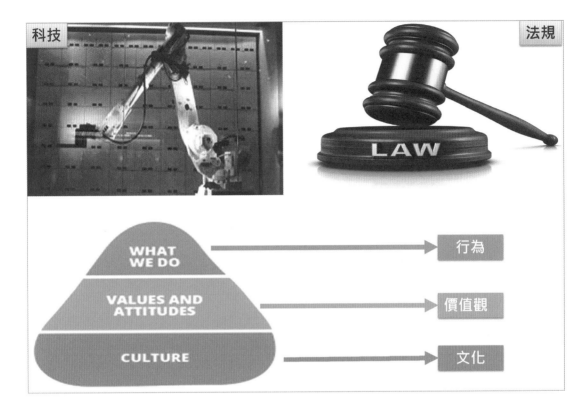

全球最大的跨境物流公司幾乎全部是歐美企業，有人會說：「因為歐美是先進國家，個人收入高、購買力較強，因此對物流需要較強…」，筆者認為這只是原因之一，以下筆者就以 Amazon 的發展來解釋歐美物流產業強盛的原因：

1. Amazon 征戰全球市場，以客戶滿意度為企業經營理念，開發中國家企業卻是依賴：國家保護、模仿複製、剽竊技術等手段獲取利益。

2. Amazon 專注客戶滿意度，不斷從事科技創新，Amazon 的事業版圖又深又廣，是競爭對手難以跨越的護城河：AWS（雲端服務）、電商、物流、無人商店、家庭數位助理、…，每一項目都是產業龍頭、新創指標，這些都是不斷資本投入研發所累積的。

3. 先進國家有反托拉斯法，企業規模過大涉嫌壟斷時，就會被要求分割，強調市場公平競爭，因此中小型企業有機會發展壯大，形成市場的良性循環，而開發中國家卻是以國家力量培養超大型壟斷企業，對於產業發展產生畸型發展的惡性循環。

習題

( ) 1. 以下哪一個專有名詞的配對是錯誤的？

    (A) 物流中心：Logistics Center

    (B) RFID：有線射頻技術

    (C) IOT：物聯網

    (D) AR：擴充實境

( ) 2. 以下哪一個項目的功能為：「將大批量的貨物換裝成小批量貨物，並配送到用戶手中的物流據點」？

    (A) 集貨中心   (B) 加工中心

    (C) 送貨中心   (D) 轉運中心

( ) 3. 香港地狹人稠，物流中心設計多半採取以下哪一種類型？

    (A) I 型   (B) K 型

    (C) L 型   (D) U 型

( ) 4. 以下有關於物流據點規劃數量的敘述，哪一個項目是錯誤的？

    (A) 據點多 → 倉儲成本降低

    (B) 據點多 → 運輸成本降低

    (C) 規模大 → 投入資本高

    (D) 規模大 → 運作效率高

( ) 5. 物流中心效益計算範例中，假設供應商 M = 10、經銷商 N = 100，應用物流中心作為中介處理單位，運輸路線總共幾條？

    (A) 55   (B) 110

    (C) 250   (D) 1000

( ) 6. 物流中心對於區域的服務方式，多半採取以下哪一種？

    (A) 棋盤式   (B) 直線式

    (C) 軸輻式   (D) 區塊式

( ) 7. 有關物流中心的敘述，以下哪一個項目是錯誤的？

    (A) 是一個資金密集的產業   (B) 是一個經驗密集的產業

    (C) 需要軟硬體整合   (D) 競爭者容易加入

（　）8. 以下哪一個項目不是提高物流配送效率的法寶？

    (A) 增加作業人手

    (B) 自動化

    (C) 智能化

    (D) 大數據預測消費者需求

（　）9. 以下哪一種商品管理工具是目前最先進的技術？

    (A) QR-Code   (B) RFID

    (C) Bar-Code   (D) Code-99

（　）10. 以下對於 RFID 的敘述，哪一個項目是錯的？

    (A) 無線感應

    (B) 可搭配無人機進行盤點作業

    (C) 紅外線掃瞄

    (D) 自動式盤點裝備

（　）11. 以下哪一個項目是新技術落實到應用面的關鍵要素？

    (A) 科技   (B) 效能

    (C) 經驗   (D) 成本

（　）12. 以下哪一套系統不是應用在物流中心的？

    (A) 電腦輔助設計系統

    (B) 倉儲管理系統

    (C) ERP 系統

    (D) 配送管理系統

（　）13. 供應鏈上的物流委由專業物流公司來執行，指的是以下哪一個項目？

    (A) 第四方物流

    (B) 第三方物流

    (C) 第二方物流

    (D) 第一方物流

（　）14. 以下有關於麥當勞的經營，哪一個項目是錯誤的？
(A) 大量使用當地食材
(B) 物流全部委由第三方物流公司支援
(C) 自行蓋倉庫、買冷凍車
(D) 專注於本業的經營與管理

（　）15. 以下哪一個專有名詞的配對是錯誤的？
(A) Shipping：運輸
(B) Loading：貨物上船
(C) Packaging：包裝
(D) Transpotation：倉儲

（　）16. 有關國際物流公司都被先進國家壟斷的敘述，以下哪一個項目是錯誤的？
(A) 國家培植
(B) 創新研發
(C) 以客為尊
(D) 公平競爭

科技 → 物流創新

通訊技術、人工智慧、雲端資料庫是這一波科技創新的主流,商流、資訊流、金流全部都在網路上奔馳,拜科技創新之賜商業模式創新也突飛猛進:實體商務 → 電子商務 → 行動商務 → 生活商務,唯有物流還在使用傳統交通工具進行運輸,最後配送到消費者手中,但仔細回顧就可發覺,其實物流的效率有了很大的提升,以國際運輸時程為例:1 星期 → 4 天 → 2 天 → 1 天,以國內運輸時程為例:3 天 → 1 天 → 8 小時 → 4 小時,主要變革如下:

物流中心	以物聯網技術大幅提高自動化程度,以 AI + 雲端資料庫預測消費者需求,預先儲備商品。
運輸	應用物聯網技術大幅提升運輸過程中,商品在各個中繼轉運站的運作效率。
配送	利用 AI + 雲端資料庫規畫最佳配送路線,應用物聯網技術提供客戶以 APP 即時追蹤包裹行程,大幅提升服務品質與效率。

都會運輸工具

載貨量越大越好，運輸距離越遠越好，因此運輸車輛的體積越來越大，這是所有人對於交通運輸的既有印象，隨著社會的進步，都會區人口過度集中，因此街道變得壅塞，大型貨車進入都會地區變成一場噩夢，漸漸的，許多人口密集的城市開始立法禁止大型貨車進入壅塞的商業區、住宅區。

都會區由於人口稠密土地價格飆漲，大型倉庫也被迫搬到市郊，由於成本考量，都會區中所有商場只能保有小型的倉儲空間，商場內無法大量備貨，必須採取高頻度配送，也就是一天補貨好幾回，我們今天所看到的超商就是最好的範例。

大型物流倉儲設在市郊，再以小型車輛進入市區，在市區內的小型配送中心，更以三輪車、摩托車、腳踏車穿梭於街道巷弄之間進行配送。

亞馬遜自 2015 年開始了 Prime Air 無人機配送商品計畫，在亞馬遜網站下單後，一架等在亞馬遜送貨中心的小型八軸直升機夾起裝貨的黃色箱子，從送貨中心出發一路飛到消費者家門口卸貨，全程只要 30 分鐘。

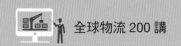
 # 運輸、配送：智慧化

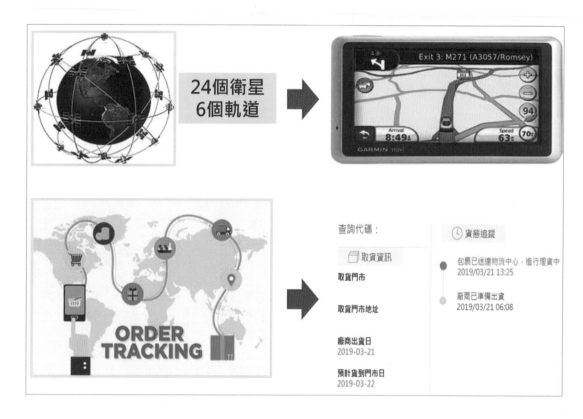

網路上訂購商品、廠商包裹寄送已經是工作中、生活上的常態，商品何時會送達呢？目前在什麼地方？處於什麼狀態？以前就是癡癡的等，現在透過物聯網，有了包裹追蹤系統！

不管是國際包裹、國內包裹，運送的過程都是透過：大 → 中 → 小轉運站集中再分送，最後才寄送到客戶端，過程中會經過許多站點，物聯網時代來臨之前，若要在每一個站點都進行包裹盤點，將會耗費巨大人力，延遲遞送時間，採用 RFID 之後，整車包裹通過通道閘門立即自動感應，完全不需要多餘人力、時間，另外飛機航行中、貨車駕駛中，透過 GPS 衛星監控系統，物流單位隨時掌握運輸工具的位置，如此就構成完整的包裹運送即時歷程供客戶查詢。

目前的 GPS 衛星導航系統還加入智慧化功能，根據最新路況資訊提供貨車司機最佳配送路程規劃，避掉嚴重塞車路段，同時也監控車輛失聯、開小差，大幅提高車隊管理效率。

無人車隊

大陸型國家如美國、加拿大、中國或歐盟，由於幅員遼闊，陸地運輸除了超遠距離的幹線運輸採用火車外，其餘的多半仰賴大型卡車車隊，因為卡車提供點對點（Door to Door）的便利性。

每一部燃油卡車需要一位司機，而且白天開車晚上必須休息，因此成本相當高，到了電動 → 智能卡車時代，目前的無人駕駛技術雖無法做到 100% 成熟，但後車跟前車的技術卻絕對沒問題，因此出現了：

第 1 個假設	一個車隊只需要第一部車有駕駛，其餘的可以無人駕駛。 目前遠距遙控技術非常成熟，因此出現了：
第 2 個假設	司機只需要坐在行車控制中心，看著螢幕駕駛卡車即可。 一個司機藉由系統協助可以管控多個螢幕，因此出現了：
第 3 個假設	一個司機可以坐在行控中心操控數個車隊司機可以輪班，車子只要續航力足夠可以不用休息！

以上的假設絕對合理，絕對會成真，因為提供了巨大的商業利益！

案例：UPS 最佳配送路徑

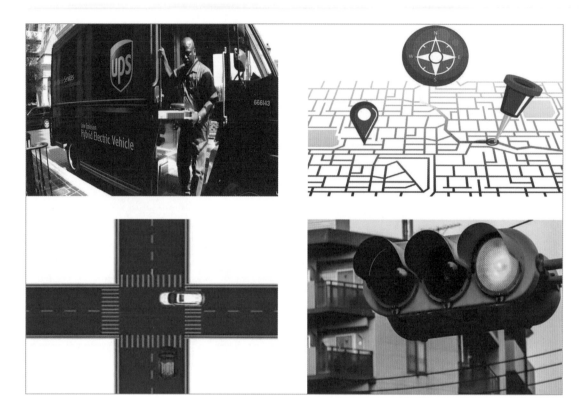

貨運卡車是快遞公司最主要的生財工具，貨運卡車幾乎是日以繼夜的馬路上行駛，行車效率、車輛折舊、燃油消耗、交通事故損失這 4 個項目，是公司獲利與否的關鍵因素，而一般人所想到的行駛路徑優化，不外乎：最短行程、最速行程，但如何達到呢？請看以下案例：

美國郵包公司（UPS 優必速）是率先把「地理位置」資料化的成功案例。他們透過每台貨車的無線電設備和 GPS，精確知道車輛位置，並從累積下來無數筆的行車路徑，找出最佳行車路線。從這些分析中，UPS 發現十字路口最容易發生意外、紅綠燈最浪費時間，只要減少通過十字路口次數，就能省油、提高安全性。靠著資料分析，UPS 一年送貨里程大幅減少 4,800 公里，等於省下 300 萬加侖的油料及減少 3 萬噸二氧化碳，安全性和效率也提高了。

車聯網

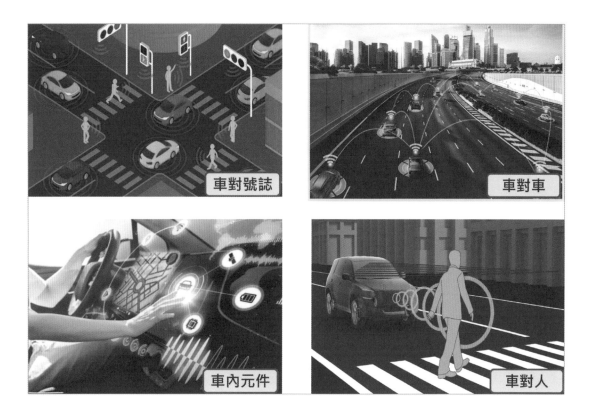

透過藍牙裝置車內所有電子元件可以互相通訊，手機成為主控台，聽音樂、看影片、手機解鎖、遠端監視、遠端遙控，這便是目前車內互聯網的應用。

目前電動智能車都在車外配備：攝影鏡頭、聲波掃描器、紅外線掃描器、…，分別用以偵測不同距離的外在物體、環境，目前對於：人、狗、車輛、交通號誌、…，都已正確偵測無誤，並可做出即時反應，大幅降低車禍發生的機率，這便是目前感測器與 AI 人工智慧應用於輔助駕駛的情況。

下一個世代輔助駕駛將升級至無人自動駕駛，屆時車內將不會有方向盤，不會有司機，車輛與車輛之間互相通訊，因此不會有車輛互撞的情況，車輛與行車控制中心互相通訊，所有車輛得到全區域即時道路資訊，AI 人工智慧隨時更新行車路線，大幅提高行車效率，這就是車聯網的應用。

無人駕駛分為 5 個等級，目前 TESLA 已達到 L3 等級，只要再進一步達到 L4、L5 等級，人類交通就進入另一個新紀元！

🎁 智慧商店

在全聯購物中心排隊等結帳時常聽到：「請支援收銀」，的確，排隊等結帳是購物過程中最不愉悅的，尤其是遇到收銀櫃台出狀況時…

Amazon 於 2018 年 1 月 22 日在西雅圖開設第一家無人便利商店，2020 年在全美有 27 家實驗性無人便利商店，客戶只需要走進商店時，以手機掃描進行身份識別，後續的：拿取商品、還回商品、結帳、離開，全部自動化，商店內沒有工作人員，更沒有收銀台，這項科技名為：Amazon Go，【拿了就走，就是這麼簡單！】。

商店內屋頂、角落佈滿了攝影鏡、感測器，偵測每一個顧客的精確位置，偵測顧客手部動作所對應的商品，貨架上的儲位有重量感測器，多項科技的整合應用，判斷了客戶的拿取、還回商品動作，因此客戶不需要進行人工結帳。

不是 100% 正確，但卻比人工結帳的正確率高多了，Alibaba、統一超商也都嘗試跟進無人超商計畫，結果都宣告失敗了，筆者認為，Amazon 的成功在於創新的決心與執行力。

都會區交通網

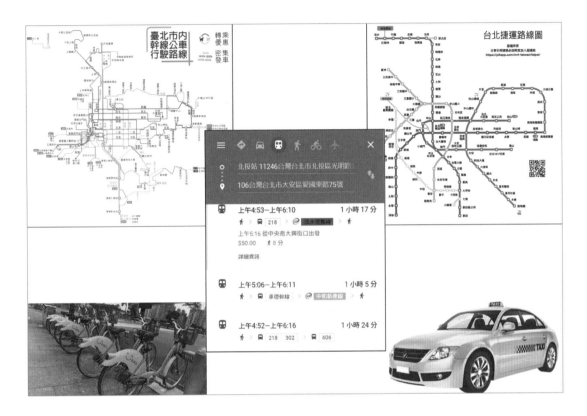

台北 4 種主要大眾交通工具：捷運、公車、計程車、Ubike 自行車，捷運、公車都是一張路網，路網的密度決定民眾使用的便利度，而路網的密度是靠資本去累積出來的，資本累積又必須依靠人口密度，人口密度又來自於經濟發展。

台北為全國政治、經濟、商業中心，加上新北市作為腹地，總共有 600 萬人口，因此有能力支撐目前的捷運網、公車網，高雄捷運、台中捷運無法成功的基本因素在於人口規模。

台北交通網的便捷性可在全球大都市排行榜中名列前茅，成功的關鍵在於交通工具與行動通訊的整合：

⊙ 捷運網與公車網的交織，提高路網密度，解決長距離運輸。

⊙ 計程車、Ubike 自行車銜接短距離運輸。

⊙ 手機 APP 如 Google Map，進行路線規劃，提供：時間、路線、交通工具整合。

城市發展對物流產業的影響

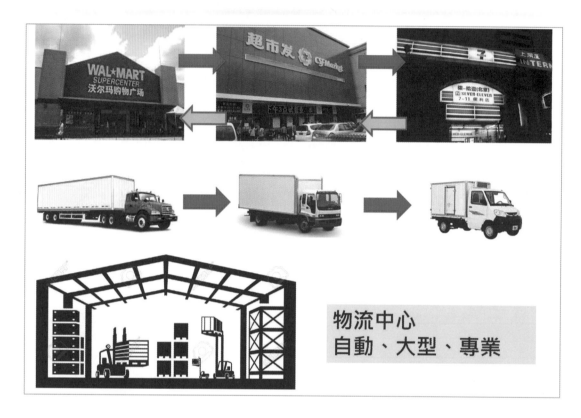

物流中心
自動、大型、專業

都會區發展的結果：收入增加 → 消費增加 → 物流蓬勃發展，但另一方面：房價高漲 → 交通壅塞 → 人事成本提高，物流產業的發展也產生以下改變：

賣場倉儲小型化	都會區房價高，經濟效益低的賣場倉儲空間被縮減，由於儲存空間小，因此必須增加配送貨物次數，以避免缺貨。
倉庫搬遷郊外	都會區房價高，大型倉庫搬到市郊，以降低租金成本。
運送車輛小型化	大型車在市區內配送並不方便，因此大多採用小型車輛。
導入自動化系統	人事成本高，勞力密集的物流業導入自動化系統與設備。
物流中心變革	產業競爭劇烈、毛利低，為達經濟規模物流中心漸漸朝向大型化，傳統小型貨運、倉儲逐漸被淘汰，由於消費者生活條件改善，對於服務品質要求提升，因此物流中心也朝向專業化，例如：百貨物流、醫療物流、生鮮物流、冷凍物流…。

無人配送

挨家挨戶將商品送達客戶處，目前的作業方式還是【人】為本，以科技、通訊為輔，因此還是耗費大量人力，物流公司也不斷投入研發，希望達到無人配送的自動化，目前已有的應用：

1. Amazon 無人機運送，對於中距離偏鄉有顯著效果，但由於法規及都會區建築物的空間限制，在都會區尚無法實現。

2. 阿里巴巴、京東物流無人配送車，目前只能適用於環境單純的辦公區域，如辦公大樓內部的文件、包裹遞送。

3. Nuro 公司無人配送車，零售商接到訂單後，將商品由工作人員置入無人配送車內，配送車抵達客戶處後通知客戶，客戶以手機接獲的密碼解鎖配送車、領取商品。

以上的自動化都由於法規或環境的限制，無法達到 100% 自動化，隨著各國政府產業政策的落實，這些限制也將逐一解決。

Ubike 後勤管理

台北市居民、到台北旅遊的觀光客，都對 Ubike 系統所提供的服務品質，表示高度的肯定：

A. 租、還車點夠密集、夠方便。

B. 自行車車況良好，妥善率非常高。

C. 隨時都有車。

全球各大都市都推動低碳交通工具：自行車，當然也都推行共享自行車，但成功的案例並不多，中國各大城市的無樁式共享自行車，更是標榜「隨地租、隨地還」的物聯網解鎖科技，但結果是一敗塗地。

「科技始終來自於人性」，若人性不夠成熟，光靠科技是無法帶來幸福的，台北市的 Ubike 系統成功可歸功於：公民素質、後勤營運團隊，分析如下：

> A 點：靠的是資本投入
> B 點：仰賴後勤維修系統、公民素質
> C 點：強大的後勤調度系統

📦 IOT → 通路轉移 → 物流

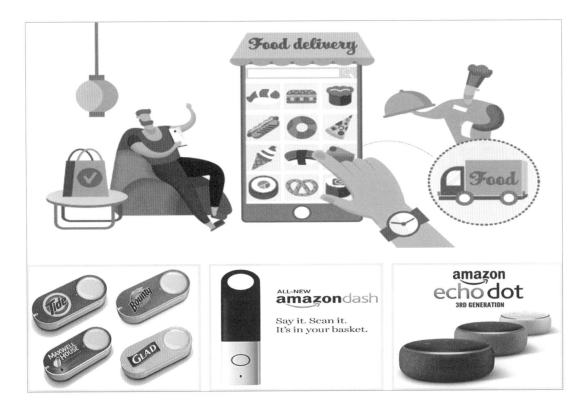

實體商務有店面 → 可以提供商品體驗服務，但有地域、時間上的不方便，網路商店很方便，卻沒有商品體驗服務，隨著科技的發達，IOT 物聯網應用普及，實體商務與網路商店結合，提供 O2O 虛實整合服務：方便 + 體驗。

物聯網應用提供了：一鍵下單（Amazon Dash Button）、一掃下單（Amazon Dash）、開口下單（Amazon Echo）的便利性，網路購物不再需要：電腦、平板、手機，利用家中的物聯網裝置，8 歲到 80 歲都可不用學習即刻下單。

無條件、免運費退貨服務，讓消費者購物時毫無猶豫：「喜歡就訂、不喜歡就退」，將自己的家成為商品體驗場所，會員制讓消費者充分享受：物流的便利 → 購物的樂趣。

IOT 科技串聯起：人、萬物，讓 O2O 成為可能，便利、時效、低價的物流讓 O2O 的商業模式得以落實。

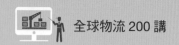 案例：Amazon Fresh

Amazon 成功的在網路販賣書籍後，將成功的經驗迅速複製到許多產業，例如：生活用品、電子產品、寵物用品、…，並獲得巨大成功，因此多數產業零售商都懼怕 Amazon 加入競爭，只有生鮮業者信誓旦旦的妄言：「生鮮商品是無法網購的」，因為【生、鮮】是倉儲的最大痛點。

不料，Amazon 買下全美最大生鮮連鎖超市 Whole Food，以全美 400 家分店為物流點，客戶在家中、路上、辦公室、…，下單 15 分鐘後即可在 Whole Food 停車場取得生鮮商品，完美的虛實整合，Amazon 買下的不只是 400 個物流點，更買下 Whole Food 的高品質的商譽與品牌，順利解決：生、鮮品質問題。

搭配 Amazon 便捷的物流配送體系，生鮮商品一樣可以快速配送到會員家中，龐大的 Amazon 會員客戶對於 Amazon + Whole Food 的強強聯手，更是發揮了規模經濟的效用，傳統生鮮業者：臉綠了！哭不出聲了…

企業對決：雲端商機

IOT 激活了許多新的商業模式，消費者購物行為、休閒活動、日常生活、…，幾乎所有的動作、行為都進入網路世界、都被記錄下來，這龐大的資料庫被儲存雲端，我們稱之為：大數據（Big Data）。

若是廠商知道你的：一舉一動、興趣喜好、生活常規，成為你肚中的蛔蟲，那麼生意就太好做了，你所需要的任何商品、服務的廣告資訊，在最適當的時間就會自動出現在你面前，正所謂：投其所好！

Google、Facebook、TikTok、Youtube…所提供的服務為何都是免費的，他們的商業模式就是：

⊙ 養：以免費服務吸引客戶加入社群

⊙ 套：便利、好用的服務逐漸成為客戶的生活、工作習慣。

⊙ 殺：A. 以龐大社群賺取廣告收入
     B. 開設無廣告會員專屬收費服務
     C. 將社群所建構的客戶大數據提供給廣告商

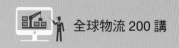

習題

( ) 1. 有關物流中心的演進，以下哪一項敘述是錯誤的？

    (A) 高度自動化   (B) 以空運取代海運

    (C) 高度智能化   (D) 預測消費者需求

( ) 2. 有關都會物流的演進，以下哪一項敘述是錯誤的？

    (A) 提高配送頻率   (B) 倉儲空間縮小化

    (C) 運輸車輛大型化   (D) 物流點密集化

( ) 3. 以下哪一個項目對衛星定位系統的敘述是錯誤的？

    (A) 英文縮寫為 GPS

    (B) 一開始應用於軍方

    (C) 首創國家是美國

    (D) 是一套使用者付費系統

( ) 4. 本書中有關無人駕駛車隊的內容中，以下哪一個項目不是作者提及的假設？

    (A) 完全無人化由晶片控制車輛

    (B) 車隊中只需領頭車需要人駕駛

    (C) 車隊可以遠端遙控

    (D) 一個人可以控制數個車隊

( ) 5. 本書中有關 UPS 最佳配送路徑的內容，以下哪一個項目是 UPS 最終的結論？

    (A) 讓車輛定速行駛

    (B) 減少通過十字路口次數

    (C) 以監測系統管制駕駛行為

    (D) 以智慧系統安排最短行車路線

( ) 6. 對於車聯網的應用，以下哪一個項目是錯誤的？

    (A) 車內電子裝備整合

    (B) 車輛之間互相通訊

    (C) 無法偵測到路上小狗

    (D) 車輛與交通號誌聯網

( ) 7. 以下哪一個項目是 Amazon Go 的真正用途？

  (A) 無人駕駛系統   (B) 無人倉儲系統

  (C) 無人揀貨系統   (D) 無人零售系統

( ) 8. 以下哪一個項目不是捷運系統成敗的關鍵因素？

  (A) 政府補助   (B) 人口密度

  (C) 經濟發展   (D) 路網密度

( ) 9. 有關物流中心演進的敘述，以下哪一個項目是錯誤的？

  (A) 大型化   (B) 都會化

  (C) 自動化   (D) 專業化

( ) 10. 要達到物流配送 100% 無人化，以下哪一個項目是最後關鍵因素？

  (A) 科技   (B) 資金

  (C) 法令   (D) 教育

( ) 11. 以下哪一個項目不是 Ubike 服務品質的指標？

  (A) 租、還車點夠密集   (B) 妥善率非常高

  (C) 隨時都有車   (D) 免費使用

( ) 12. 有關 O2O 的敘述，以下哪一個項目是錯誤的？

  (A) 物流負荷將大幅降低

  (B) 虛實整合

  (C) 使用物聯網技術

  (D) 讓家成為商品體驗場所

( ) 13. 有關 Amazon Fresh 的敘述，以下哪一個項目是錯誤的？

  (A) 是生鮮產業

  (B) 實體購物確保品質

  (C) 是 O2O 的具體應用

  (D) 擁有消費者高度信賴

( ) 14. 將物聯網所產生的萬物資訊儲存於雲端，指的是以下哪一個項目？

  (A) Information Management   (B) Data Minning

  (C) Big Data   (D) Data Control

全球化分工

　　個企業中有多個功能不同的部門，一個國家中有多個功能不同的部會，這是因為經過長時間的經驗、實驗得知：「專業分工可以提高效率」，同樣的，分工的模式也可以套用到全球國家，基於各國在：天然資源、地理環境、教育程度、科技發展、…的差異，在全球供應鏈中每一個國家扮演不同的角色，例如：

A.美國：創新、研發、行銷　　　　B.德國：精密製造

C.日本：研發、設計　　　　　　　D.中國：大量生產

一件商品在美國創新後，在德國研發中心進行機械部分整合設計、在日本研發中心進行內裝細部設計，最後將完整施工圖交給中國進行生產，全球的行銷又回到美國總公司統籌處理。

上面每一個分工角色所獲得的利益有很大的差異，決定因素就在於：替代性、專業性，每一個國家都是競爭對手，也都是合作關係，而這一切折衝就仰賴各國的貿易政策與國際貿易仲裁機制的平衡。

關稅對產業的正、反影響

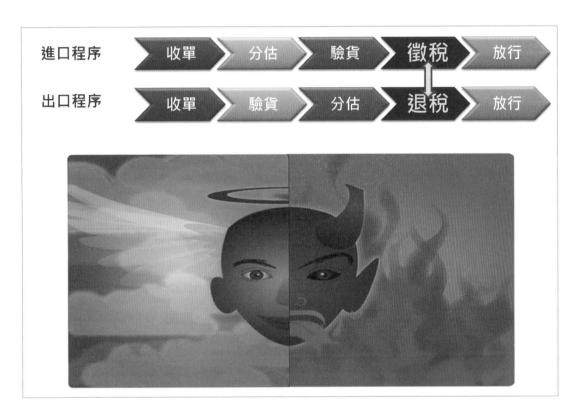

台灣經濟剛起飛時，政府為保護國內產業發展、賺取外匯，因此採取：鼓勵出口（出口退稅、政府補貼）、抑制進口（提高進口關稅、管制進口配額）等貿易保護政策。

短期內的確是賺到外匯，也帶動國內產業發展，但卻應驗了一句話：「慈母多敗兒」，國內廠商在政府保護下：獲利豐厚 → 不思進取 → 低價接單，後遺症產生了：環境汙染、進口物價高漲、產業無法升級、…。

反觀開發國家，大幅度開放進出口貿易，大量由全球進口便宜物資，因此基本生活物資相對便宜，生產原料、設備相對便宜，國民的購買力亦較強，這是政府鼓勵消費的政策，人人消費自然就會：帶動內需 → 百業興旺，美國就是一個典型的代表（內需＞外貿）。

中國經濟發展初期同樣採取貿易保護政策，現在卻開放 TESLA 在中國獨資設廠，並給予多項產業發展補貼政策，政府要的是鯰魚效應，以世界第一的電動車廠商來淘汰騙取補助的中國車商！

#

📦 國際採購 → 大量低價

1980 年代以前，Sears 是美國最大零售商，面對美國經濟情況與消費者習慣的改變，無法提出營運變革，因此在 2018 年 10 月申請破產保護，熄燈結束營業。

大多數媒體喜歡將百年知名企業的敗亡，歸咎於新的商業模式崛起，例如：「電子商務殺了 Sears！」，電子商務崛起只是提升商業交易的便利性，降低交易成本，進一步促進經濟發展，所有產業、廠商都面對同樣的機會與威脅，個別企業衰敗的真正原因是：「面對環境改變的不作為」，所以 Sears 應該算是自殺。

景氣好的時候，賺錢容易，消費者注重享受，在意的是服務品質，因此 Sears 經營的百貨公司生意興隆，但經濟變差時，錢難賺了！買東西時自然錙銖必較，省一毛錢都是大事，因此低價折扣的量販店成為消費者的最愛！

Walmart 在經濟蕭條時抓住了機會，開創了「國際採購 → 大量低價」的新商業模式，完全符合當時美國消費者的需求，因此順勢崛起，取代了 Sears。

世界貿易組織 WTO

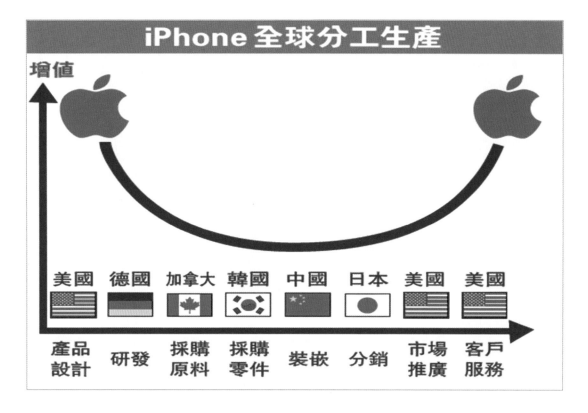

隨著全球運輸的發達，國際分工的程度逐漸細緻化，每一個國家專注於自己的競爭優勢、強項，在供應鏈中搶得一席之地，上圖就是以 iphone 為例，各國在供應鏈中所佔據的位置。

要達到全球分工，各國就必須遵循共同的準則，遇到貿易紛爭時，必須有仲裁單位，WTO 世界貿易組織（World Trade Organization）被稱為「經濟聯合國」，就是一個致力於：消除國際貿易壁壘、解決國際貿易紛爭的單位。

WTO 會員國之間必須彼此開放國內市場、降低關稅、取消不平等貿易障礙，因此大幅度提高全球貿易自由化，對於全球貿易當然是利大於弊，但對於個別國家、個別產業卻產生極大的衝擊，例如：台灣耕地面積狹小，不利於大面積機械化耕種，開放國內稻米市場，面對東南亞、美國等農業大國，在產品價格上完全喪失競爭力，因此必須進行產業升級，將農地轉作高經濟價值農產品，並以政策輔導農民，以避免劇烈的短期衝擊。

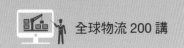

 鴻海傳奇

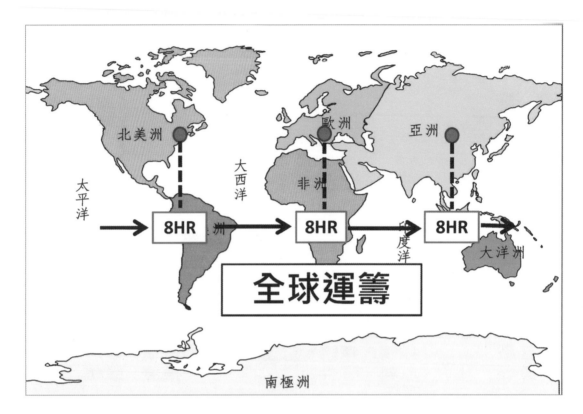

企業組織的發展由小而大，規模小的時候只要一個眼神、默契就可以順利完成所有作業，隨著企業組織不斷的擴張，就必須發展出各種規則、方法、制度來整合協調企業各部門的運作，以鴻海企業為例，企業版圖包括 5 大洲、數十國，幾百萬員工，鴻海之所以能成為全球最大 IT 產品代工廠，完整的全球運籌模式是一個很重要的因素。

假設有一個產品設計案，一般公司標準設計時間是 3 天，因此接案時只能承諾在 3 天後交件，但在鴻海企業全球運籌架構下，世界五大洲都有研發部門，當鴻海接到一個新產品開發案時，由美洲的研發團隊當第一棒設計 8 小時，下班前將整個案子交棒到歐洲研發團隊，歐洲研發團隊接續 8 小時，下班前再將案子交棒至亞洲研發團隊，以接力方式完成設計工作，因此一般公司需要 3 天的設計案，在鴻海只需要一天，因此競爭力遠遠超過同業。

鴻海企業的全球運籌玩的是「接力賽跑」，除了團隊默契，還必須克服：語言、文化、各國法令差異的問題。

自由貿易的弊端

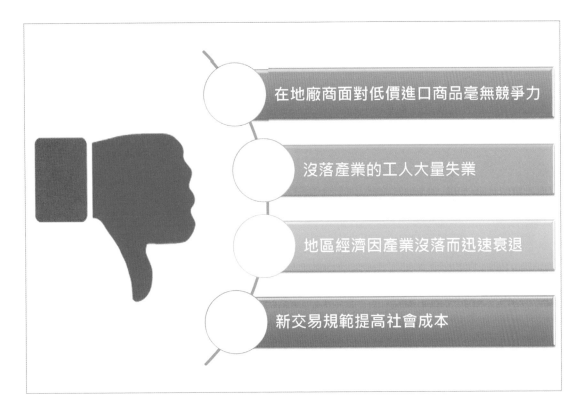

- 在地廠商面對低價進口商品毫無競爭力
- 沒落產業的工人大量失業
- 地區經濟因產業沒落而迅速衰退
- 新交易規範提高社會成本

自由貿易表面上的好處是光鮮亮麗的：全球合作、互通有無，共同促進全球進步，但各國、各地、各產業都存在基本體質的差異，因此以先進國家所制定的貿易規則適用於全球，必然產生問題，舉例如下：

1. 美國是農業大國，農業生產高度自動化，農產品外銷至台灣，本土農業在價格是完全尚失競爭力，農業幾乎是依賴政府補貼。

2. 日本、韓國汽車製造業發達，大量廉價汽車外銷至美國，美國底特律汽車工廠紛紛歇業，大量工人失業。

3. 中國低廉土地、人力成本，吸引台灣工廠遷移至中國，台灣原有的工業區人去樓空，就業市場不景氣，台灣經濟停滯 20 年。

4. 歐美先進國家對於進口產品不斷提高環保規範，強迫出口廠商不斷進行產業升級，相對造成進口商品價格提高。

自由貿易下的美國

美國目前是全球第一強權，也可說是全球首富，但美國各地、各產業的經濟發展卻因為自由貿易，產生天壤之別！

Walmart 開創了大量國外採購的商業模式，對於美國消費者而言，享受低廉的商品當然是一種福利，但美國製造業因此垮台了，低毛利的製造業全部外移至海外，上圖就是 2020 美國總統選舉兩黨的得票分布圖，也正好是美國各地經濟興衰的分析圖，中部紅色區域就是傳統製造業，共和黨川普的票倉，東西兩岸藍色區域就是科技、金融創新產業，民主黨拜登的票倉。

川普第一任當選歸功於【窮人的反撲】，鼓吹全球化自由貿易的結果：

1. 美國成為世界唯一強權，美國人民享受低廉物資。

2. 美國製造業外移，工業區經濟崩潰，藍領工人大量失業。

川普提倡：製造業回流美國 → 創造就機會 → 讓美國再度偉大，並贏得大量中部工業區選民的支持。

美 → 中貿易大戰

美 → 中貿易大戰誰會贏？作者這些年來在美、中、台三個地方居住、旅遊、教學，貼近觀察 3 個地方的生活實況，加上客觀數據，我認為：「美國必勝」，分析如下：

1. 戰爭初期打的國力，美國年產值 20 兆，中國只有 14 兆。

2. 戰爭中後期打的是後勤生產力，美國雖然大多的生產事業都外移，但卻是全世界生產自動化最先進的國家，由美、中兩國人均產值比 6：1，就可知道兩國生產力的懸殊。

3. 中國的中興通訊、華為號稱全球通訊電子大廠、技術領先全球，但美國政府限制出售關鍵零組件給中興後，中興瀕臨破產，中國近年來科技研發為了快速趕上歐美先進國家，採取跳躍式彎道超車策略，因此看起來進步速度飛快，但產品底層的專利技術全部掌握在歐美國家。

4. 表面上看似美、中兩國大戰，事實上又是一次八國聯軍圍剿中國，除非中國願意真正遵守國際貿易規則，否則全球施壓不會停止。

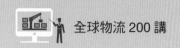
中美貿易內涵

美→中：$2,000億 　 中→美：$5,000億

⊙ 美國出口到中國的商品每年 $2,000 億，以科技產品、農產品為主。

⊙ 中國出口到美國的商品每年 $5,000 億，以低技術代工產品為主。

美中貿易存在 3,000 億美元的差額，美國以不公平貿易為理由，祭出報復性懲罰關稅，因此展開美中貿易大戰。

從雙方出口的產品分析：

中國生產的電子產品，若沒有美國的關鍵零組件，根本就全軍覆沒，中國 14 億人口，對於糧食的需求量巨大，除了美國可以供應之外，其他國家生產量根本不足以替代美國，反觀中國出口至美國的產品都是低附加價值、可替代性高的代工產品，改由其他國家進口對美國的影響就是進口物價稍微上漲一點，因此美國底氣十足，絲毫不肯退讓。

從雙方出口的金額分析：

中國經濟成長嚴重的仰賴美國的消費，$3,000 億的貿易逆差居全球之冠，俗語說：「拿人手短、吃人嘴軟」。

中、美經濟力比較（2020）

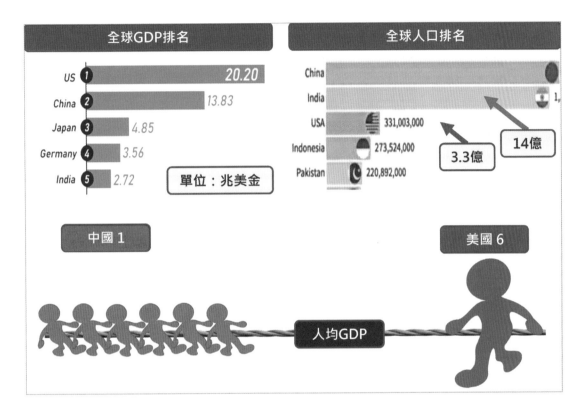

中國人口數是美國的 4 倍，但美國卻是全球第一大經濟體，因為美國的人均 GDP 是中國的 6 倍，而一個國家生產力的高低取決於：產業自動化程度、科技創新程度。

企業的基本使命就是：生存 → 獲利，因此當人力很便宜時，廠商不需要花心思去搞自動化，只要增加人手就可提高產能了，當環保法規鬆散時，廠商也不會花錢去改善生產設備，當市場上沒人尊重知識產權時，廠商更不需去研發、創新。

中國的工廠吸引外資的基本因素是：人工便宜、法規鬆散，在產業發展初期這些都是降低成本的優勢，一旦經濟起飛了，這些就成為科技創新、產業升級的絆腳石，缺乏研發和創新，所生產的商品或服務都是低階的，只能賺取低微的毛利，舉個例子：台灣早期將砂糖以【公噸】計價賣給日本」，日本人將砂糖加工製成糖果後以【粒】計價回銷台灣，台灣人賣的是勞力，日本人賺的是技術，這就是生產力高低的差別。

國際強權與話語權

美國人喜歡創新、鼓勵創新，近代大多數的創新都源於美國，美國人創新一個產品、產業，當然就必須訂定產品規格、產業標準，如此才能全球共用、共享，因此專利、智慧財產權全部是美國人的，全世界的生產廠商都必須付專利費用、版權費給美國，同時美國更擁有產業的話語權，也就是產業發展方向、規格制訂，都是美國人說了算！

通訊技術規格由 1G、2G、3G、4G 全部是西方國家制定，如今中國華為想在 5G 技術上彎道超車，取得市場主導地位，成為制定產業規格的領導廠商，表面上華為 5G 技術與韓國三星、歐盟 Ericsson、日本 Nokia 並列，但底層通訊技術專利仍然是掌握在傳統大廠手中，因此美國很輕易的以國家安全為由，聯合親美國家圍堵華為 5G 設備攻佔全球市場。

產業規格制定權取決於研發人才與資金投入，美國歷年來都是投入研發經費最多的國家，2018 年 Amazon 是全球研發經費投入第一名，這就說明為什麼網路服務的技術、市場占有率都是 Amazon 遙遙領先，長線投資布局才是國際競爭的王道。

美國吸星大法

筆者年輕時到美國留學，有一位叔叔告訴我：「在美國，一個聰明人可以養活100個笨蛋」，多數的美國人是不聰明的，但它的法律、制度、文化、…，卻將全世界的資源全部吸引過來：

1. 移民政策開放下，有錢、有技術、有腦袋的全部歡迎。

2. 貿易開放的政策下，美國人享受最便宜的物資，政府鼓勵消費，因此國內經濟活絡。

3. 在金融開放的法令下，全球資金進、出美國沒有障礙，吸引全球資本家。

4. 營造優渥學術研究環境，吸引全球一流：學者、科學家、學生。

5. 提撥大量國家預算鼓勵創新，以法令保護知識產權，因此培植大量新創企業。

資金、技術、人才匯集於美國，近20年來幾乎所有的【創新】都出自於美國，目前美國還處於這樣的良性循環中，因此全球無人能敵。

世界工廠移轉

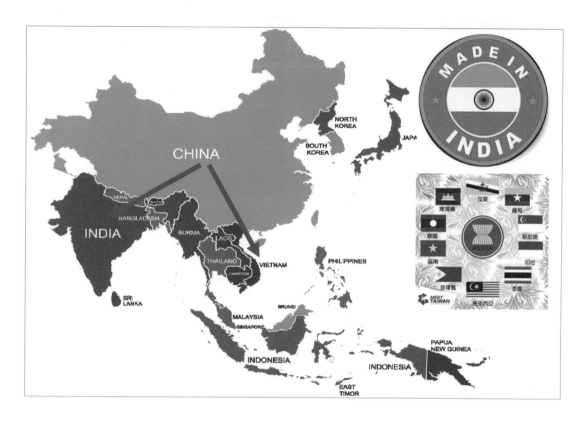

一件產品在發想階段想的是【創新】、在研發中心階段講究的是【功能】、【設計】、一旦進入工廠製造【成本】就是最要的考量,在尚未全面自動化的今天,人力成本是現階段工廠製造的關鍵要素,因此所有先進國家都將製造業轉移到落後國家,協助建立工廠、培訓職業工人、工程師,一個世代(約 20年)之後,國民所得提高了,人力成本不再便宜了,這時候就不是國際大廠眼中具有投資優勢的標的了。

美國工業發達之後,為國家建立巨大的財富,憑藉研發、創新,轉型設計、生產高端商品,而將勞力密集產業交給當時戰敗、貧窮的日本,日本藉由美國龐大的訂單再度成為工業大國,跟隨著美國的腳步也投入研發的產業,低端的生產便轉移到:台灣、南韓,台灣人經濟改善了,不再出賣廉價勞力,便將廠房移至中國,中國改革開放 40 年後,對外宣告:脫貧奔小康,世界工廠再次轉移,印度、越南、印尼接手低端生產。

隨著自動化生產技術日漸成熟、成本降低,下一波將會出現以機器人進行生產的關燈工廠,屆時低端生產將會再度回流先進國家。

大國崛起 → 殞落

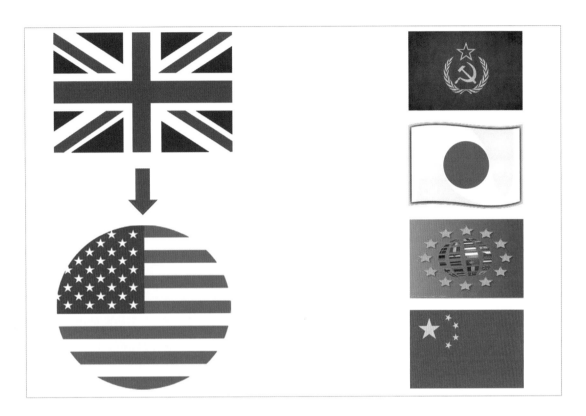

英國曾被稱為【日不落帝國】，因為英國殖民地遍及全球，是 18 世紀的世界強權，英國在美國獨立戰爭中落敗後，由美國接替了世界強權的位置，不斷受到挑戰當然是武林盟主的天職：

蘇聯	第二次世界大戰後蘇聯與美國為主的西方國家展開將近 50 年的冷戰，最後被美國的太空武器競賽拖垮經濟而解體。
日本	二次大戰後日本快速崛起，挑戰美國霸權地位，1985 年西方工業大國聯手出擊，以廣場協議強迫日元大幅升值，戳破日本經濟泡沫。
歐盟	1993 年歐盟成立，成為全球大二大經濟體，更整合貨幣採用歐元，同樣挑戰美國唯一霸權的地位，2010 年歐豬 5 國爆發債務危機，重創歐盟經濟實力。
中國	2012 年習近平接任中共中央總書記，開展大國崛起的歷程，目前美國對中國發動一系列：貿易戰、科技戰、金融戰，試圖抑制中國崛起。

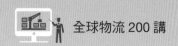
 # 區域經濟的競合關係

1. 北美自由貿易協定

2. 南非關稅同盟

4. 歐盟

3. 南方共同市場

區域經濟就是鄰近國家的結盟,盟邦之間的關係有深有淺,大概分為 4 種不同層次:

自由貿易區	區域內成員間免除所有關稅及配額限制,而對區域外國家仍維持其個別關稅、配額或其他限制。 例如:NAFTA 北美自由貿易區,成員國:美國、加拿大、墨西哥
關稅同盟	除撤銷成員間的關稅外,對外則採取共同關稅。 例如:南方共同市場,成員國:巴西、阿根廷、烏拉圭、巴拉圭
共同市場	除具有關稅同盟特性外,還包括建立成員間人員、勞務和資本自由流通所形成的無疆界區域。 例如:1958 年的歐洲共同市場
經濟同盟	完全經濟一體化:成員的經濟、金融、財政等政策完全統一,並設立超國家機構。 例如:今天的歐盟組織

區域經濟形成貿易壁壘

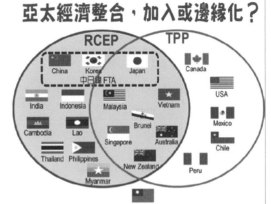

經濟跟政治絕對是掛勾的！人是群聚的動物，有人就有幫派，結黨結派就是為了共同抵抗外來的侵略，鄰近的人會結黨，鄰近的國家也是同樣的道理，這就是區域政治、區域經濟。

鄰近的國家互通有無，熱絡的經濟讓鄰國之間達到資源共享，由於往來密切，為了雙方都能獲利，加速區域經濟發展，因此開始發展出區域經濟，區域內結盟國家交易享有極低的關稅或甚至免稅，如此一來對於非區域內結盟國家就產生關稅差異，形成貿易障礙。

WTO 世界貿易組織的成立就是為了消除貿易障礙，但由於保護主義再次抬頭，區域經濟的崛起，RCEP（東南亞區域全面經濟夥伴關係協定）、TPP（跨太平洋夥伴全面進步協定）都是地緣性結盟的組織。

以外貿導向為經濟主體的台灣，在這場區域經濟賽局中處於非常不利的位置，在政治上若無法躲過中國的封鎖，經濟發展不容樂觀！

📦 台灣的工業聚落

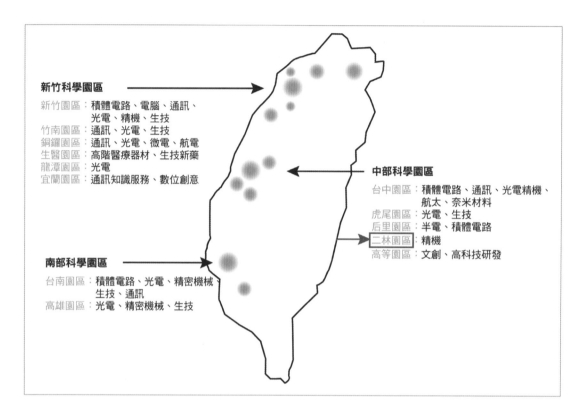

新竹科學園區
新竹園區：積體電路、電腦、通訊、
　　　　　光電、精機、生技
竹南園區：通訊、光電、生技
銅鑼園區：通訊、光電、微電、航電
生醫園區：高階醫療器材、生技新藥
龍潭園區：光電
宜蘭園區：通訊知識服務、數位創意

中部科學園區
台中園區：積體電路、通訊、光電精機、
　　　　　航太、奈米材料
虎尾園區：光電、生技
后里園區：半電、積體電路
二林園區：精機
高等園區：文創、高科技研發

南部科學園區
台南園區：積體電路、光電、精密機械
　　　　　生技、通訊
高雄園區：光電、精密機械、生技

台灣產業以製造業起家，早期高雄出口加工區只有輕工業，從事簡易產品加工，1979 新竹科學園區正式成立，台灣轉型進入電子產業，至今有 400 家以上高科技代工業、服務業廠商進駐，主要產業包括有半導體業、電腦業、通訊業、光電業、精密機械業與生物科技業，是全球半導體製造業最密集的地方之一。

1999 年台灣發生規模 7.3 級的 921 大地震，全島受創嚴重，新竹科學院區亦不能倖免，園區停工造成全球電子產品供應鏈中斷，這是第一次向全世界展示台灣電子產業聚落對全球電子產業的重要性。

2020 年 Covid-19 + 中美科技大戰，全球半導體製造出現嚴重短缺，產生一芯難求的情況，台積電在晶圓代工的高階製程技術領先全球，德國、日本政府拓過外交管道要求台積電加大產能，解決車用晶片不足的情況，台積電市值更晉升至全球第 10 大，如今台灣北、中、南的科學園區聚落，已成為全球電子、通訊產業不可動搖的重鎮。

台灣汽車零組件完整供應鏈

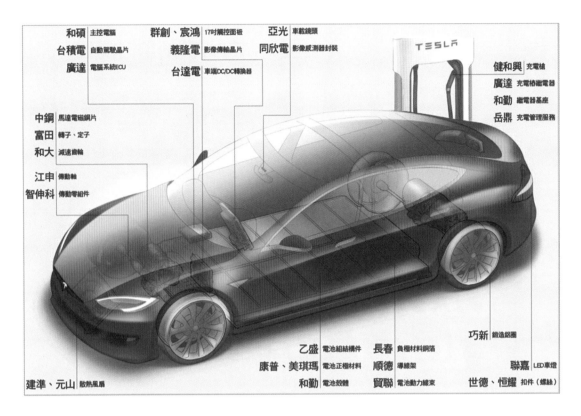

和碩	主控電腦
台積電	自動駕駛晶片
廣達	電腦系統ECU
群創、宸鴻	17吋觸控面板
義隆電	影像傳輸晶片
台達電	車端DC/DC轉換器
亞光	車載鏡頭
同欣電	影像感測器封裝

健和興	充電槍
廣達	充電樁繼電器
和勤	繼電器基座
岳鼎	充電管理服務

中鋼	馬達電磁鋼片
富田	轉子、定子
和大	減速齒輪
江申	傳動軸
智伸科	傳動零組件

乙盛	電池組結構件
康普、美琪瑪	電池正極材料
和勤	電池殼體
長春	負極材料銅箔
順德	導線架
貿聯	電池動力總束
巧新	鍛造鋁圈
聯嘉	LED車燈
世德、恒耀	扣件（螺絲）
建準、元山	散熱風扇

台灣是人口小國，無法以內需支撐龐大的汽車產業，裕隆汽車 1953 年成立，一直仰賴政府補貼與高額進口汽車關稅保護，60 多年過去了，台灣的汽車產業就是以拼裝、代工為主，不過，透過多年代工的技術磨練，台灣廠商卻在汽車零件產業打出一片天。

TESLA 是目前全球最大的電動車廠，早期開發新車型時，幾乎都是找台灣代工廠合作，上圖就是目前台灣廠商在汽車供應鏈中所提供的零件分析圖，台灣廠商缺乏創新、研發，但卻精於產品、製程改良，因此在供應鏈的位置也由 OEM 代工生產，升級至 ODM 委託設計生產。

早期的宏碁、HTC、今日的華碩都想脫離代工業務，以自建品牌進入國際市場，一開始都有不錯的成績，一旦市場成熟，國際大廠參與競爭後，台灣品牌就後繼乏力，逐一敗下陣來，歸咎原因無他，就是差在持續創新研發、品牌經營，也就是企業領導人格局不夠寬廣、見識不夠深遠，還只能小打小鬧，而台積電的創辦人張忠謀，是目前筆者看到唯一具備國際盃資格的 CEO。

台灣農業競爭力

為了怕財團炒作農地,台灣農地不准轉賣給不具備農民身分的人,但隨著工商業發達,人口都市化程度嚴重,農村的老人家沒有體力、更無創意從事農業工作,農村嚴重缺乏人力,農地逐漸荒廢,另一方面,許多受過高等教育對農業有興趣、或厭煩都市生活的年輕人,想到鄉下從事精緻農業開發,卻在法令限制下無法取得農地。

台灣加入 WTO 之前,報章雜誌、新聞媒體,一面倒的唱衰台灣農業一定倒,許多蛋頭學者更是大聲疾呼要政府保護農民,錯!錯!錯!用補貼政策收購農產品不是保護農民,相反的,是在糟蹋農民,政府該做的是制定國家可長可久的農地、糧食政策,制定農業創新獎勵辦法,讓想要從事農業的人力可以回流農村,古話說:「授人以魚不如授人以漁」。

為了因應加入 WTO 對農業的衝擊,台灣立法通過放寬農地自由買賣,大批有志於農業發展的年輕人,回到鄉村開展高附加價值的精緻農業,台灣越光米品質媲美日本越光米、古坑咖啡飄香海外、台南蘭花世界奪冠、假日踏青的薰衣草觀光花園是國人假日休閒旅遊的最佳景點。

在地食材：尚青

工業發達的副作用就是空氣汙染、環境汙染，因此先進國家不斷倡議：綠能、乾淨能源、減少廢氣排放，最根本的做法就是：減少生產、就地取材。

全球分工 → 全球物流的做法基本上就是環境污染的元凶，第一是大量生產，第二是物資、產品的運輸，更誇張的是先進國家連垃圾都出口到落後國家，進行：掩埋、回收、焚化。

由於環保意識抬頭，優質企業開始利用環保訴求來提升品牌形象、增加產品附加價值，以下就是兩個成功的案例：

> 麥當勞的餐點中包含大量蔬菜、水果，麥當勞便強調本地生產，強化新鮮、環保訴求。

> 啤酒是舶來品，尤其以德國啤酒最為出名，日本啤酒更是在台灣熱賣，本土品牌台灣啤酒卻標榜：「在地的尚青！」，以在地生產啤酒的新鮮作為訴求，與國際品牌一爭長短，18 天生啤酒獲得市場好評！

全球疫情 → 國安產業

全球分工最大的好處當然就是：效率的提升，因此中國成為世界工廠：廣大的土地、便宜的勞力、可供污染的環境，因此中國或其他落後國家就以低價搶單，以環境汙染換取訂單。

太平盛世時，全球運籌是顯學，20 年前 Sars 席捲全球，今天 Covid-19 擴散全球，造成全球供應鏈中斷，各國政府爭相搶奪防疫物資、戰略物資，世界大同、人飢己飢的胸懷完全消失了！

口罩 → 醫療物資 → 病毒試劑 → 疫苗，各國政府紛紛發布出口管制措施，疫情初期泰國政府甚至提出管制稻米出口，由此可見，性命攸關時國家利益是遠高於企業經濟利益的，因此有人提出了反全球化的訴求。

糧食、能源、醫藥、⋯⋯，這些都屬於國安物資，是不應該全部仰賴進口的，更誇張的是，台積電的晶片生產居然成為全球壟斷的戰略物資，日本、歐洲的汽車少了車用晶片就整個產業停擺，這就是過度全球化的下場。

習題

( ) 1. 以下哪一個項目是指全球化分工？
  - (A) International Trade
  - (B) Marketing
  - (C) Logistics
  - (D) Global

( ) 2. 以下哪一個項目是進口有而出口沒有的步驟？
  - (A) 徵稅
  - (B) 收單
  - (C) 分估
  - (D) 驗貨

( ) 3. 以下哪一家公司是國際採購 → 大量低價的始祖？
  - (A) Amazon
  - (B) Walmart
  - (C) Google
  - (D) Target

( ) 4. WTO 指的是以下哪一個單位？
  - (A) 聯合國
  - (B) 世界衛生組織
  - (C) 世界貿易組織
  - (D) 世界人權組織

( ) 5. 以下哪一個項目是鴻海在全球運籌中的的強項？
  - (A) 兩人三腳
  - (B) 鐵人三項
  - (C) 龜兔賽跑
  - (D) 接力賽跑

( ) 6. 以下有關自由貿易所產生的影響，哪一個項目是錯誤的？
  - (A) 提高各產業就業率
  - (B) 提升全球生產效率
  - (C) 降低全球物價
  - (D) 降低貿易壁壘

( ) 7. 以下有關自由貿易下的美國經濟的敘述，哪一個項目是錯誤的？
  - (A) 科技業獲利
  - (B) 汽車工業獲利
  - (C) 金融業獲利
  - (D) 東西兩岸地區獲利

( ) 8. 以下有關美國與中國貿易戰的敘述，哪一個項目是錯誤的？
  - (A) 中國對美國大量出超
  - (B) 美國掌控關鍵科技
  - (C) 中國壟斷製造產業
  - (D) 美國是全球最大消費國

（　）9. 以下有關美國與中國貿易內涵的敘述，哪一個項目是錯誤的？

    (A) 美國出口以高科技產品為大宗

    (B) 產品代工是中國的強項

    (C) 美國以不公平貿易為由發起貿易戰

    (D) 中國出口以農產品為大宗

（　）10. 以下有關美國與中國經濟力比較的敘述，哪一個項目是錯誤的？

    (A) 中國總體 GDP 全球第一

    (B) 中國人口全球第一

    (C) 美國人均 GDP 是中國的 6 倍

    (D) 研發是提高 GDP 的關鍵作為

（　）11. 以下有關國際強權與話語權的敘述，哪一個項目是錯誤的？

    (A) 創新者掌握制定規格的優勢

    (B) 彎道超車是成功的策略

    (C) 研發創新是國際強權的根本

    (D) 研發經費是產業升級的硬指標

（　）12. 以下有關美國吸星大法的敘述，哪一個項目是錯誤的？

    (A) 吸引國際資金   (B) 吸引頂尖學生

    (C) 吸引製造業   (D) 吸引創業家

（　）13. 以下有關世界工廠轉移的敘述，哪一個項目是錯誤的？

    (A) 發想階段考慮的是【創新】

    (B) 研發階段考慮的是【功能】

    (C) 工廠製造階段考慮的是【成本】

    (D) 行銷考慮的是【科技】

（　）14. 以下有關大國崛起的時間排列順序，哪一個項目是正確的？

    (A) 蘇聯 → 日本 → 歐盟 → 中國

    (B) 日本 → 歐盟 → 蘇聯 → 中國

    (C) 歐盟 → 日本 → 蘇聯 → 中國

    (D) 蘇聯 → 歐盟 → 日本 → 中國

（　）15. 以下有關區域經濟結盟方式，哪一個項目是關係最緊密的？

(A) 自由貿易區

(B) 經濟同盟

(C) 關稅同盟

(D) 共同市場

（　）16. 以下有關區域經濟的敘述，哪一個項目是錯誤的？

(A) 對非結盟國形成貿易障礙

(B) 是一種拉幫結配的國家行為

(C) 台灣在區域經濟中扮演活躍角色

(D) 對自由貿易是負面的

（　）17. 以下有關台灣工業區聚落的敘述，哪一個項目是錯誤的？

(A) 台灣產業以製造業起家

(B) 新竹科學園區是第一個高科技產業聚落

(C) 台積電在晶圓代工的高階製程技術領先全球

(D) 晶圓代工技術層次低容易被取代

（　）18. 以下有關台灣汽車產業的敘述，哪一個項目是正確的？

(A) 台灣的經濟規模不利於汽車產業

(B) 政府的產業補助對汽車業產生正面效果

(C) 進口高關稅對汽車業產生正面效果

(D) 台灣的汽車產業非常成功

（　）19. 以下有關台灣加入 WTO 的敘述，哪一個項目是農業轉型的關鍵因素的？

(A) 政府補助

(B) 放寬農地自由買賣

(C) 法令保護

(D) 愛國情操

（　）20. 以下有關【在地食材：尚青】的敘述，哪一個項目是錯誤的？

(A) 採用在地食材是環保的行為

(B) 採用在地食材可降地物流依賴

(C) 討論啤酒的新鮮度的荒謬的議題

(D) 青＝新鮮度

（　）21. 以下哪一個項目不是戰略物資？

(A) 晶片 　　　　　　　　　(B) 疫苗

(C) 口罩 　　　　　　　　　(D) 衛生紙

電商←→物流

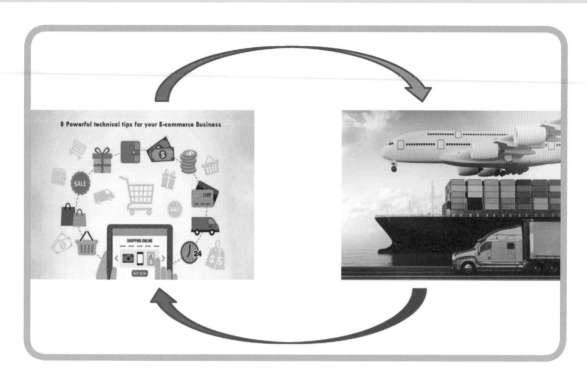

　　電商與物流可以說是一體兩面,電商是面子、物流是骨子。電子商務的發展完全仰賴物流的後勤支援:

1. 電子商務可以購物一按鍵,卻必須仰賴物流精準作業

2. 電子商務可以購物無國際,卻必須仰賴物流飛越山川大海

3. 電子商務可以購物零時差,卻必須仰賴物流走完最後一哩路

4. 電子商務可以不斷創新,卻必須仰賴物流提供高效服務

　　目前全球大型零售商,不論傳統實體、現代電商,都進行垂直整合,建立企業專屬的高效物流體系,O2O 的虛實產業整合與商業模式更仰賴高效物流,對於中小型企業而言,第三方物流是企業發展的最佳方案,但對於世界級的量體企業而言,物流卻是企業的核心競爭力,Amazon、Alibaba 不但建立全球性物流體系,更對全球中小企業提供跨國物流服務,成為專業第三方服務公司。

物流：電子商務最後拼圖

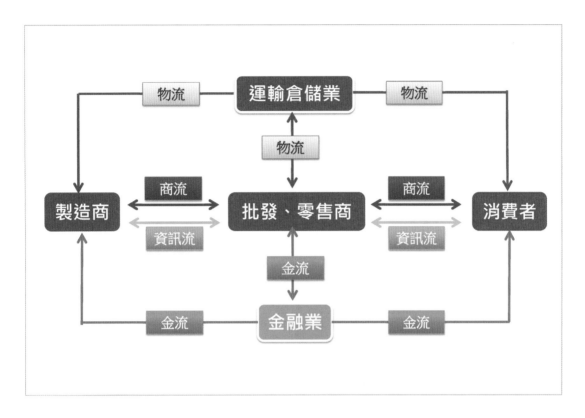

電子商務就是在網路上賣東西，這種說法好像也沒錯…，那我只要做一個網頁放到伺服器上就可以做生意了？好像也沒這麼單純！

商流	網路上千萬個網頁，消費者如何知道你的網頁、網址、商品？因此有人在 Google、Facebook、Line、…登廣告。
資訊流	網頁內商品的內容、訂貨單、到貨單、繳款憑證。
金流	網路上下單後付款，透過金融帳戶、信用卡、ATM 轉帳、超商付費、…
物流	廠商收到訂單後，通知物流廠商出貨，將商品配送到客戶家，或退貨時物流公司將退回商品由客戶端運回倉庫。

電子商務就是上列這【4 流】的整合，阿里巴巴由電商起家，切入物流領域，京東由物流起家切入電商領域，要想成為產業的龍頭廠商，只靠一招半式絕對是不夠的，跨界整合才是硬道理。

🎁 購物也瘋狂 ...

黑色星期五（Black Friday）是美國傳統購物節慶，起源於 1952 年，是感恩節之後 11 月第 4 個星期四，並非國定假日，但有些州卻將這一天定為州假日，大多數商家提供非常高的商品折扣，吸引消費者到實體商店排隊搶購。

從 2005 年開始，黑色星期五的實體店面，將採購日延伸出網路購物日超級星期一（Cyber Monday），隨著行動裝置、資訊、電商愈來愈發達，戰場悄悄地轉移到網路上，美國全國零售業聯盟（National Retail Federation，NRF）統計，2018 年約有 1.4 億美國人在感恩節週末於實體商店購物，驚人的是有超過 1.9 億人在超級星期一利用網路購物。

光棍節又稱單身節，是流行於中國年輕人的娛樂性節日，以自己仍是單身一族為傲。從 2009 年 11 月 11 日開始，購物網站以淘寶及天貓為首的商家將該日宣傳為「雙十一狂歡購物節」，隨後其他電商也紛紛加入，光棍節逐漸演變成網路購物節日，每一年的交易金額都迭創新高。

電子商務興起 → 實體商務殞落？

一般人常會把不了解的新事物視為洪水猛獸，例如：電子商務崛起後，某些實體商店的生意受到影響，就認為是電子商務即將「取代」實體店面，Sears百貨倒閉是電商造成的，果真如此嗎？

電視、網路轉播未興起之前，運動迷要看運動賽事只能買票進運動場，實況轉播興起後，球迷都不進球場了嗎？事實剛好相反，美國的職業運動賽事的進場門票是一票難求的，透過實況轉播，原來對運動不熟悉的人也有機會去認識運動，進而喜歡某項運動。這是一種把餅做大的概念，球迷們進了運動場，除了看比賽還得負責加油、帶動現場氣氛，大小球迷們穿著運動服、拿著加油的道具、帶著球帽⋯，那不只是一張門票的事，運動賽事形成一個龐大的產業。

以「電子」提供便捷的資訊服務來擴大市場基礎，以「實體」提供精緻的體驗，電子商務與實體商務是現代企業經營不可偏廢的 2 個面向。

📦 電商 → 倉儲 → 物流

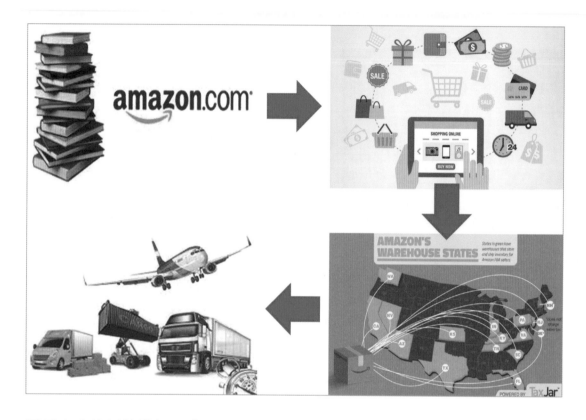

電子商務的原始構想是「買空賣空」，搞一個網頁接受訂單，然後將訂單轉給供應商，如此就可以：免除庫存的積壓 → 以降低成本 → 降低風險，但這是不切實際的空想，Amazon 經過實際經營後發現，在無法掌握庫存的情況下，配送延誤成為經營的重大瓶頸，因此在全美建立 4 個大型倉儲中心，以確保商品存量 → 順利出貨。

每年 11 月開始就是歐美國家傳統購物旺季，所有商家卯足全力促銷搶單，結果雖有滿手的訂單，卻因為物流延誤而出不了貨，不但賺不到錢還得接受：退貨、賠償，物流運作效率成為電子商務業績成長最大的障礙。

Amazon 將倉儲中心升級為物流中心，首先以自動化取代密集人力，接著自行設計智慧倉儲管理系統，提高整體倉儲運作效率，以解決電子商務業績快速成長所帶來的配送壓力，最後為了縮短配送時間，更以 AI（人工智慧）+Cloud（雲端資料庫）預測區域消費者需求，提前進行轉倉調貨的動作，讓區域配送時間可以縮段短至 4 小時，大大提高市場競爭能力。

Walmart 華麗轉身

傳統商務
的對策？

全美4,600銷售據點

9成美國人離沃爾瑪1英里內

多數訂單2、3個小時就能到貨

線上買、到店取→二次消費

Amazon 以電子商務起家，併購 Whole Food 連鎖生鮮超市除了完成 O2O 整合外，更是著眼於實體物流點的建構，因為電子商務核心競爭力在於物流配送效率。

Walmart 在全美國有 4,600 銷售據點，90% 居民住所距離 Walmart 商場不到 1 英里，以美國人幾乎家家戶戶都開車的情況下，一英里的概念就等同是隔壁，因此大多數的訂單都能在 2 ～ 3 小時內配送至消費者家裡，或讓消費者到住家附近的 Walmart 賣場取貨，這樣的物流優勢是新創電子商務公司短期內無法望其項背的。

同樣的，Walmart 由實體商務起家，也大規模開展網路訂單服務，完成 O2O 整合，更利用「線上訂購 → 到店取貨」的策略，促成 2 次消費，算是一個非常成功的行銷策略！

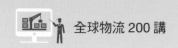

產業變革：O2O

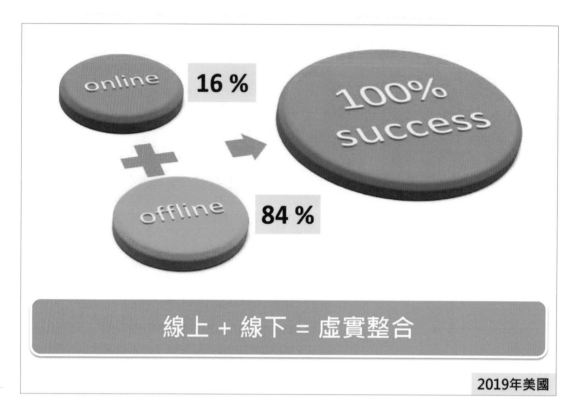

網路商城的優勢：

1. 隨時、隨地皆可購物

2. 透過雲端大數據＋AI：可以輕易鎖定潛在消費者

透過貨比三家的軟體功能，消費者可以取得較優惠的交易條件，因此網路商城適合交易過程的前期作業：品牌建立、行銷、廣告、促銷、客服。

實體商城的優勢：

1. 商品品質實際體驗

2. 購物過程的享受

因此實體商城適合交易過程後期作業：體驗、取貨、付款

新零售的概念就是利用資訊科技作：線上、線下、物流的整合，提供消費者更優質的購物環境。

商場 → 體驗中心

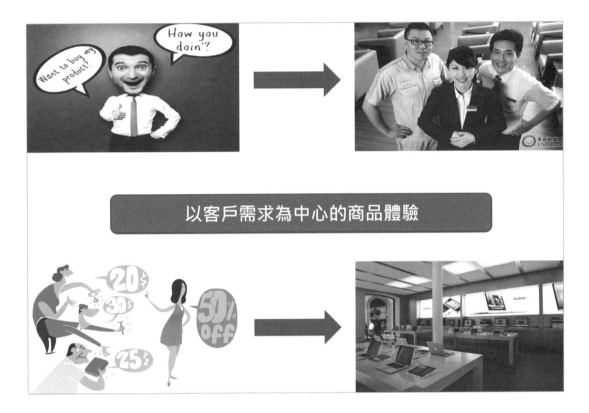

以客戶需求為中心的商品體驗

實體商店與展示中心差異比較如下表：

功能	實體商店	展示中心
作業方式	產品說明 + 商品成交	產品說明
可服務來客數	少	多
人員類型	領業績獎金的業務人員	領固定薪資的解說員
績效指標	業績	服務人次、滿意度
商品庫存	完整備貨	僅供展示

展示中心因為不涉及販賣商品，因此省略了議價、填單、包裝的動作，每位服務人員可服務的來客數相對提高很多，展示中心也省下儲備大量庫存的空間，因此單點的服務績效也相對提高，若再搭配客戶關係管理系統，讓客戶在網路上做預約服務，更能大幅提升服務品質。

銷售自動化最大的優點在於價格公開、透明，可以為買、賣雙方省下大量的議價時間，因此「展示中心 + 線上購買」的商業模式將會成為主流趨勢。

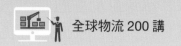

 # 通路轉移：服飾業

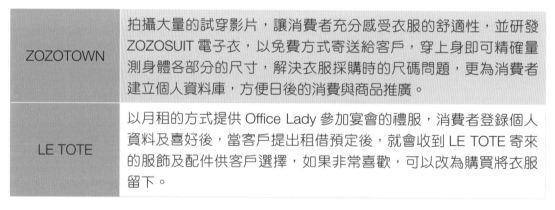

多數人買衣服、鞋子、飾品前都習慣試穿、體驗，因此要將服飾業的通路由「線下」轉移到「線上」有相當大的難度，不過，以下是 2 個成功的案例：

ZOZOTOWN	拍攝大量的試穿影片，讓消費者充分感受衣服的舒適性，並研發 ZOZOSUIT 電子衣，以免費方式寄送給客戶，穿上身即可精確量測身體各部分的尺寸，解決衣服採購時的尺碼問題，更為消費者建立個人資料庫，方便日後的消費與商品推廣。
LE TOTE	以月租的方式提供 Office Lady 參加宴會的禮服，消費者登錄個人資料及喜好後，當客戶提出租借預定後，就會收到 LE TOTE 寄來的服飾及配件供客戶選擇，如果非常喜歡，可以改為購買將衣服留下。

ZOZOTOWN 的成功在於降低網路購買服飾的體驗差異，而 LE TOTE 的成功在於提供 Office Lady「租衣」的選擇，並提供便利免費的退換服務！

通路轉移：眼鏡業

眼鏡包含 2 個產業面：鏡片（醫學驗光）、鏡架（流行飾品）。在美國，醫學驗光是需要專業執照、並嚴格執法監督的，因此配眼鏡前必須經過醫師或擁有專業證照人員的驗光，若從流行飾品的角度來看，在美國網路上販售眼架，就不涉及「醫學驗光」。

WARBY PARKER 就是一家知名的網路眼鏡架品牌，推出即時眼鏡線上模擬系統 APP，讓消費者挑選喜愛的鏡架，然後透過手機進行擴充實境的模擬，滿意後下單，WARBY PARKER 就會將一系列的鏡架寄給消費者，消費者最後在家進行實際體驗，留下最後的選擇商品，其餘的退回。

這是一個將商品做分離的案例：將眼鏡拆解為：鏡片 + 鏡架，鏡架的部分透過擴充實境技術可以達到不錯的線上體驗效果，再結合免費物流配送政策，就完美的將通路由網路轉移到家中。

通路轉移：家具業

店面→展場

隨著生活水準的提升，家具除了實用功能外，消費者更聚焦在空間美化的搭配，因此家具賣場逐漸演變為以展示為主的大型賣場，提供消費者整體搭配的場景，週末家人一同去逛 IKEA 也成為一種不錯的家庭休閒活動。

展場空間很大，搭配的家具非常多元，又經過設計師的巧思設計，每一套都美美的，但真的買回自己家中擺放又是另外一回事了：尺寸大小、顏色搭配、空間美感、…，積極的業者又找到商機了，以下是 2 個成功的案例：

IKEA	利用擴增實境技術，開發專屬手機 APP 讓消費者實境模擬家具擺入家中的場景，並且可以任意移動位置、旋轉，並提供 360 度視角。
ROOM CO	同樣使用擴增實境技術，功能比 IKEA 更先進，模擬的家具還可挑選不同的顏色、材質。

擴增實境技術應用在家具業，提供比實體賣場還真實的體驗，成功的將通路由「實體賣場」轉移到「家中」。

通路轉移：旅館業

旅遊的主角為景點行程，傳統上旅行社扮演整個旅遊產品的主導角色，因此旅館產業的主要通路就是旅行社，除了國際型大飯店有能力推出品牌形象廣告外，一般旅館業者主要客群就是：旅行社、商務客、過路客。

到了網路時代，情況稍有改變，透過社群經營，某些具有特色的旅館有了發聲的管道，但這仍只是小眾行銷，旅遊景點仍然是主角，住宿旅館的選擇仍然必須配合旅遊地點。

物聯網時代來了，憑藉網路計算的巨大能量，旅遊房仲網可以在彈指間做到全球範圍內同一地區的旅館房間比價，為消費者提供最優惠價格，這個價格甚至比旅館本身的官方價格低 3 成，必然的，在自由行旅遊方式逐漸取代團體旅遊的同時，旅館業通路也由旅行社轉移至旅遊房仲網。

在科技的協助下，遊客透過 GPS 定位系統，克服地理障礙，使用翻譯軟體克服語言障礙，更透過社群軟體瞭解風土民情，一支手機走天下的時代來臨了。

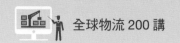 通路轉移：餐飲業

部分餐廳提供外賣服務，更有些餐廳提供外送服務，尤其是專門提供簡餐、便當、小吃、飲料的餐廳，每一家餐廳自行聘請送貨員，業務量不夠大的餐廳無法提供外送服務，即使提供服務，尖峰時間外送效率極差。

UBER EATS 與 UBER 運作方式大致相同，餐廳與消費者透過手機 APP 平台進行交易，一個配送員不再專屬於一家餐廳，所有的閒置人力都可投入市場，大幅度提升餐飲外送的服務效率。

當消費者飲食通路由「線下」轉移到「線上」的同時，房地產業也開始產生變化了，傳統餐廳講究「地點」，而且偏好一樓，因此都會區的店面租金昂貴，當通路轉移到「線上」的比例不斷提升之後，專營「線上」通路的餐廳就會增加，對於所謂的黃金店面需求就會下降。

另外，共享經濟逐漸發達的結果，人們上班的模式產生極大的改變，從被一家公司專屬雇用，改變為「分時」、「分眾」雇用，企業將非核心事業外包的人力資源策略也將更為全面。

ZARA：服飾業物流

1天 0.7 %

ZARA 堪稱當代服飾業的標竿。快速時尚是 ZARA 的核心競爭力，根據估計，時裝每天貶值 0.7%，換句話說，只要提早 10 天出售，就能多賺 7%。

為保證時裝設計緊跟時尚潮流，ZARA 不預測時尚，也不創造時尚，它只快速反應時尚，也就是快速複製時尚。

ZARA 大規模改變時尚服裝設計、生產、配銷的全球供應模式。一件商品的完整產銷流程：「設計 → 生產 → 配送 → 銷售」只要 15 天，全球 5,000 家連鎖店就可同步上架，特殊的款式甚至只需 7 天，全程掌控流程並打造出一條極速供應鏈，是 ZARA 獨步全球的看家本領，此商業模式成功的關鍵：

A. 資訊收集的即時化　　　B. 服裝資訊的標準化　　　C. 生產模式的整合化

D. 庫存管理的清晰化　　　E. 物流配送的高效化

2020 年新冠疫情重創全球門市零售業，ZARA 也深受其害，目前提出 O2O 虛實整合策略，進行通路調整，筆者深信，環境變化更能淬煉出一流的企業。

ZARA 供應鏈整合

採購、生產	倉儲、物流

為了爭取時效，ZARA 在供應鏈的整合上採取以下積極作為：

⊙ 生產線的整合

原料	ZARA 自有布料公司提供 89% 的布料，另有 260 家布料供應商支援。
生產	20 家自有工廠負責高度自動化工序，將大量勞力密集的縫紉工作外包給 400 多家合作廠商。
採購	生產及採購都集中在歐洲，大大加快生產和配送時間。

⊙ 物流的整合

自動化物流配送中心	物流中心與生產工廠間以一條十幾公里長的地下傳送帶連結，透過先進光學讀取設備，物流中心每小時可挑選及分揀 6 萬件商品。
速度第一成本第二	ZARA 生產程序超過 50% 在歐洲進行，甚至以空運取代海運，雖然生產、運輸成本較高，但可大幅縮短前導時間。

他們都是物流公司？

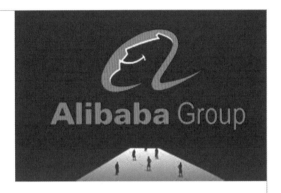

什麼是貿易？「把東西搬到有需求的地方，賣給適當的人」，這就是貿易，理論如此簡單，但還是有人賺錢、有人賠錢，關鍵在於效率，舉例來說，2020 年初 Covid-19 肆虐全球，3～4 月全球一罩難求，因此有人趕快：蓋工廠 → 進口機器、購買原料 → 生產口罩，第一批人賺到錢了，到了 8 月，隨著口罩大量產出，價格一瀉千里，後面的跟隨者全部破產關閉工廠，賺錢、賠錢的關鍵因子是：Timing，也就是時機點，賺錢是要與時間賽跑，市場需求是瞬息萬變的。

Amazon、Alibaba 是跨國電商公司，自然需要強大的物流作業能力，全球最大零售商 Walmart 其實也是憑藉強大物流能力，由全球採購物美價來的商品，然後有效率的配送到全球各地進行銷售，Walmart 的物流強項在於【大量】，時尚公司 ZARA 也是憑藉強大物流體系作為核心競爭能力，一件商品的前導時間【設計 → 生產 → 配送】只需 2 星期，新品由設計開始，直到全球 5,000 家專櫃上市只需 2 個星期，這就是快速時尚的魅力，比的是【速度】。

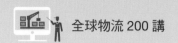

亞馬遜：陸運 → 空運 → 海運

亞馬遜由電子商務起家，但為了提高運作效率，因此成立大型倉儲，接著更將倉儲中心升級為物流中心，而在國內、外運輸、配送就採取委外運作，如：聯合包裹服務公司（UPS）和聯邦快遞公司（FDX）等第三方物流公司。

為了加速物流鏈，Amazon 進行以下產業布局：

⊙ 2016 年開始自組航空機隊，更在 2021 年利用疫情期間，收購經營不善航空機隊，購買了 11 架二手貨機，大幅提高自主空運能力。

⊙ 2016 年起 Amazon 以向海運貨輪預約空間的方式，開始涉入海運業務，同時扮演全球海運經營者和物流管理者的角色。

⊙ 2020 收購了剛推出自駕車原型 robotaxi 的新創 Zoox、參與了電動車公司 Rivian 的多輪融資…。

Amazon 在物流方面的布局，令物流業者相當憂心，因為 Amazon 擁有資本和訂單優勢，很可能足以將物流產業重新洗牌。

物流巨人

市值比較：2021/02/13

京東 157B
725B Alibaba.com
1,650B amazon

Amazon	電子商務起家，然後致力於建立專業物流系統，目前是擁有電子商務與完整物流體系的公司，更是全球最大電商公司，公司核心能力：創新、服務，公司獲利最大業務：AWS 雲端服務。
阿里巴巴	電子商務起家，憑藉中國 14 億龐大內需人口、中國政府法令保護，茁壯為全中國最大電商，它的創新思維朝向數位金融，阿里巴巴的支付寶與騰訊的微信支付在中國形成寡占集團，近日更以螞蟻金服涉入銀行融資業務，被中共當局中止上市申請。
京東	物流起家，然後致力於建立電商王國，目前是中國第二大電商集團，擁有成熟、強大的物流體系，專注於中國國內市場。

阿里巴巴的獲利高於 Amazon，但企業的市值卻遠低於 Amazon，原因在於資本市場對於企業的評價關鍵：創新能力、產業布局的長期經營能力，昔日阿里巴巴藉由國家扶植而成長，今日卻遭受中國政府打壓，這不是一個企業永續經營的模式。

電商：假貨、山寨貨

假貨對產業發展的影響？　　杜絕假貨的方法？

窮人、窮國因為時刻飽受生活壓力，因此做事時著重於眼見的：成效、獲利，社會充滿了：「只要能賺錢，有什麼不可以…」、「笑貧不笑娼」的功利主義思維，以前的台灣、今日的中國都是如此。

阿里巴巴的電子商務平台是全世界最大的假貨交易中心，但馬雲說：「假貨就像病菌，無法避免」，中國政府對於假貨更是採取放任的態度，的確！阿里巴巴憑藉便宜的假貨快速崛起了，但英雄代有才人出、青出於藍勝於藍，拼多多以中國龐大的第 3、4 線城市低收入消費人口為訴求，主打商品價格優勢，只要便宜，無論假貨、偽貨、劣質商品全部來者不拒，更獲得 3 億中國消費者的青睞，所有企業以追求短期利潤的目標，視品牌、企業形象為無物，致力於研發、創新的企業逐一被消滅。

放任企業剽竊他人知識產權就像是讓人吸毒一般：短期強效、長期斃掉，台灣政府由教育入手，以法令嚴懲仿冒，經過數十年努力才改變：人民、消費者、公務員、企業的價值觀，產業發展步入研發、升級的正向循環。

習題

( ) 1. 以下有關【電商←→物流】的敘述，以下哪一個項目是錯誤的？

(A) Amazon 海空運全部委託第三方物流公司

(B) 物流是電子商務的核心競爭力

(C) 世界級電商企業大多發展獨立物流系統

(D) 世界級電商還提供第三方物流服務給中小企業

( ) 2. 以下哪一個項目不是電子商務 4 流整合之一？

(A) 資訊流   (B) 人流

(C) 物流   (D) 商流

( ) 3. 以下有關【購物也瘋狂】的敘述，以下哪一個項目是錯誤的？

(A) Black Friday 是美國傳統購物節慶

(B) 光棍節又稱為雙十一狂歡購物節

(C) 超級星期一利用實體商店購物節慶

(D) 1111 是中國網路購物狂歡

( ) 4. 以下有關職業運動的敘述，以下哪一個項目是錯誤的？

(A) 美國實體運動賽事門票很貴

(B) 運動周邊商品是獲利主要來源

(C) 明星運動員本身就是高產值商品

(D) 實況轉播將造成球場觀眾流失

( ) 5. 以下哪一個項目是電子商務的原始構想？

(A) 買空賣空   (B) 以客為尊

(C) 提高商業效率   (D) 購物零時差

( ) 6. 以下哪一個項目是 Walmart 公司的強項，更是所有電商公司短時間無法追上的？

(A) 客戶關係管理   (B) 龐大數量的實體物流點

(C) 品牌價值   (D) 全球通路

( ) 7. 相對於網路購物，以下哪一個項目不是實體商城的優勢？

(A) 商品體驗   (B) 人際交流

(C) 貨比三家   (D) 尊榮服務

（　）8. 對於商品展示中心的敘述，以下哪一個項目是錯誤的？

(A) 行銷據點　　　　　　　　(B) 提供商品展示

(C) 提供客戶體驗　　　　　　(D) 增加業績收入

（　）9. 有關【服飾業通路轉移】的敘述，以下哪一個項目不是通路轉移的成敗關鍵？

(A) 網路客戶服務　　　　　　(B) 強大物流體系

(C) 商品體驗便利性　　　　　(D) 商品資訊充足

（　）10. 有關【眼鏡業通路轉移】的敘述，以下哪一個項目是錯誤的？

(A) 使用 AR 技術

(B) 鏡片鏡架完整服務

(C) 以手機進行實境模擬

(D) 先使用再選擇

（　）11. 有關【家具業通路轉移】的敘述，以下哪一個項目是錯誤的？

(A) 使用 AR 技術

(B) 完全解決尺寸配合問題

(C) 實體賣場是最佳通路

(D) 完全解決實境配合問題

（　）12. 有關旅遊房仲網的敘述，以下哪一個是錯誤的？

(A) 有競爭力的價格

(B) 強大搜尋引擎

(C) 強大的品牌

(D) 國際性大旅館專屬服務

（　）13. 有關餐飲外送平台的敘述，以下哪一個是錯誤的？

(A) 餐廳必須有實體店面

(B) 送餐人員不再專屬於一家餐廳

(C) 所有餐廳共同行銷

(D) 送餐效率大幅提升

（　）14. 有關【ZARA：服飾業物流】的敘述，以下哪一個是錯誤的？
　　　　(A) ZARA 是快速時尚的代表　　　(B) 強調原創設計
　　　　(C) 強大物流系統　　　　　　　　(D) 前導時間只需 2 週

（　）15. 以下哪一個項目是 ZARA 供應鏈整合的核心考量點？
　　　　(A) 降低人工成本　　　　　　　　(B) 降低運輸成本
　　　　(C) 降低時間成本　　　　　　　　(D) 降低原料成本

（　）16. 以下哪一個項目是廠商獲利的關鍵因素？
　　　　(A) 商品成本　　　　　　　　　　(B) 商品定價
　　　　(C) 商品功能　　　　　　　　　　(D) 販售時機

（　）17. 有關 Amazon 的敘述，以下哪一個項目是錯的？
　　　　(A) 以物流起家
　　　　(B) 業務擴充至海運
　　　　(C) 業務擴充至空運
　　　　(D) 業務擴充至無人運送

（　）18. 以下有關 Alibaba 與 Amazon 的比較，哪一個項目是錯誤的？
　　　　(A) Amazon 市值較高
　　　　(B) Alibaba 營收較高
　　　　(C) Amazon 創新能力較強
　　　　(D) Alibaba 獲利較高

（　）19. 以下哪一家公司是中國目前最大的仿冒、偽劣商品企業？
　　　　(A) 掏寶網　　　　　　　　　　　(B) 唯品會
　　　　(C) 拼多多　　　　　　　　　　　(D) 京東商城

專案 1：電動車

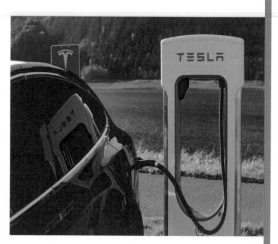

朝代有更迭、企業有興衰，更白話一點的：「富不過三代」，都是同樣的原理：既得利益者不再創新，因此給了新創企業發展茁壯的機會，以電動車為例，在台灣 Gogoro 電動機車擺平了三陽、光陽燃油機車，在全球 TESLA 電動車超越了傳統燃油汽車大廠 TOYOTA、福斯汽車。

TESLA 在 2020 年僅生產 50 萬輛電動車，只有 TOYOTA 年產量的 5%，公司市值卻超過 TOYOTA 數倍，這是資本市場給予產業發展方向的定性，各國政府紛紛訂出燃油車落日條款，傳統汽車大廠也宣告投入巨資發開發電動車，產業發展方向已毫無懸念，電動車全面取代燃油車只是時間的問題。

電動車所帶來的不只是能源轉換議題、空氣污然問題，最重要的是智能化創新，無人駕駛自動車將隨著時間：築夢踏實，交通壅塞問題將大幅減輕，車禍發生機率更將大幅降低，車輛分享的行為將更為普及，不用駕駛的配送車將為商業貢獻更大的產值。

TESLA CEO：Elon Musk

母親：加拿大人，父親：南非人

10歲：自學程式設計
12歲：賣出商業軟體$500
17歲：高中畢業，離開了家庭
沃頓商學院：經濟學、物理學學士
史丹福大學：應用物理與材料科學博士 入學兩天後就輟學

1997：ZIP2線上出版軟體 Compaq以3.07億美元現金收購
2002：PayPal網上付費機制年 eBay以15億美元收購

Elon Musk（伊龍馬斯克）被稱為現實版鋼鐵俠，充滿創意與執行力，但也是最具爭議話題的企業家，筆者認為他更是最傑出行銷專家。

電動車的研發與製造已有很長的歷史，但 TESLA 純電動車上市之後，居然佔據媒體版面、歷久不衰，其過人之處在於以下幾點：

1. 突破傳統電池製造技術，大幅提升電動車效能。

2. 擺脫傳統汽車設計思維，從 0 開始，將車輛定位為智能化產品，更開啟無人駕駛商業化的進程。

3. 完整產業鏈布局：電池 → 汽車 → 充電樁 → 能源系統。

4. 對資本市場有強大說服力，提供粉絲無窮盡的美好未來。

5. 擁有炒熱新聞話題的 CEO：Elon Musk。

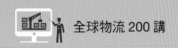
智慧汽車

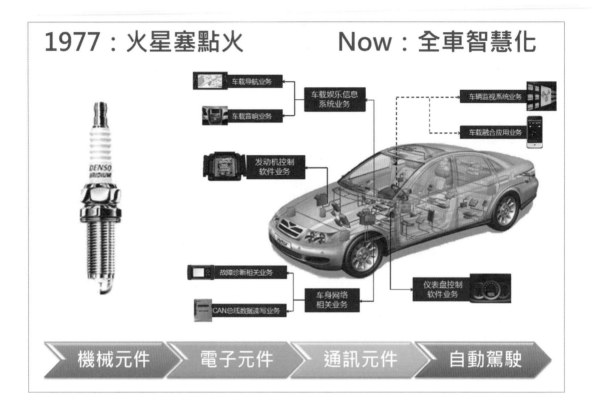

1977：火星塞點火　　　Now：全車智慧化

| 機械元件 | 電子元件 | 通訊元件 | 自動駕駛 |

既然談到運輸就一定得說說汽車革命：燃油車 → 電動車 → 智能車！

燃油車所代表的是半自動的時代	燃油車：汽油 + 引擎（機械），電動車：電力 + 馬達（電機），這個轉變讓許多機械零件消失了，例如：化油器、潤滑油系統、冷卻器、…，同時也增加大量電子零件，例如：中控大屏幕、指紋開鎖、…，既然車子的零件多數轉換電子零件，若在電子零件上增加通訊功能…，嘿嘿嘿！車內每一個電子元件都能互相對話，那不就是車內物聯網嗎？車子跟車子之間也可對話，那不就是車聯網嗎？再加上程式自動控制…，不就是智慧化嗎？
電動車 vs. 智能車	許多華爾街分析師一再唱衰 Tesla 的基本論調：「傳統車廠憑藉強大製造能力、財力、通路，將秒殺 Tesla」，結果…，Tesla 已成為全世界市值最高的車輛公司，就如同當年 Apple 智能手機幹掉世界霸主 Nokia 一樣，記得！Tesla 所引發的變革在於【智能化】。

創新思維

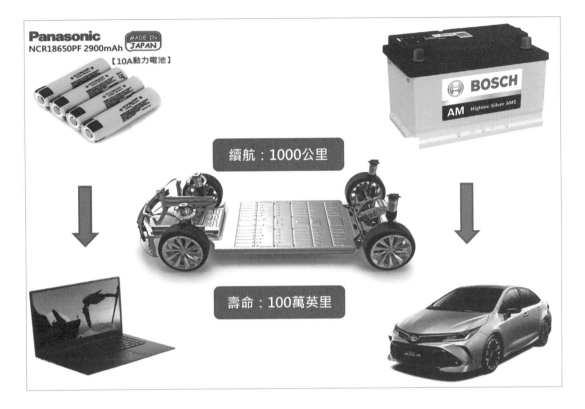

電池續航力一直是電動車發展的瓶頸，傳統的思維中：汽車體積大、重量重，電池就應該是【大】，才能提供足夠動力，筆記型電腦的體積小、重量輕，電池就應該是【小】，這應該是毫無懸念的邏輯概念，但幾十年過去，傳統大車廠對於電動車電池的研發毫無建樹。

TESLA 的電池技術創新策略：以將近 8,000 顆的小電池串聯為一顆大電池，並開發出電源管理專利技術，解決關鍵的電壓電流和熱量控制，經過不斷的創新、改良，目前電動車單次充電續航里程已超過 1,000 公里，電池壽命已超過 100 萬英哩。

【改良】是在既有的基礎上，根據經驗的累積所做的修正，而創新卻是一種無中生有、重新來過的產出，因此「理所當然」成為創新最大的障礙，其實中國有句俗語：「於不疑處有疑，方是進矣！」，西方也有句諺語：「吾愛吾師吾更愛真理」，創新科技所需要的就是這種刨根問底的精神！

📦 TESLA 的市場策略

車型：Roadster 價格：10萬美金 年度：2008	
車型：Model X、Model S 價格：8萬、6萬美金 年度：2012、2014	
車型：Model 3 價格：3.5萬美金 年度：2016	

Model 3開放線上預購創下50萬輛佳績

由於傳統燃油車大廠對於電動車的保守發展策略，因此消費者對於電動車的印象一直停留在：高爾夫球車、殘障電動輪椅、觀光導覽車、…，也就是缺乏馬力、續航力的車輛。

身為全球第一家純電動車廠（量產），TESLA 的使命就是改變消費者的既有印象，TESLA 於 2008 年推出 Roadster，以性能做直球對決挑戰超跑，果然一鳴驚人，震撼整個汽車界，接著 2012~2014 年分別推出 Model X、S，挑戰高端品牌如雙 B（奔馳、寶馬），以舒適、豪華、科技感為訴求重點，最後以簡約的科技感征服高端科技新貴，成為時尚車款。

請特別注意！想要真正改變市場，就必須回到庶民經濟，TESLA 真正要做的是平民化車種，2016 年再度推出 Model 3，以 3.5 萬美金低價進入市場，以價格對決國民品牌 Honda、Toyota，Model 3 目前已成為全球最暢銷純電動車車型，目前全球各大傳統車廠，均已體認電動車的時代來臨，紛紛加入電動車產業的研發與製造，一個汽車產業門外漢花了十幾年，顛覆整個車輛產業，請各位讀者仔細欣賞 Elon Musk 的行銷 3 部曲。

電動車充電解決方案

禁售燃油汽車時間表

2040：法國、英國、台灣
2030：德國、印度
2025：挪威、荷蘭、中國

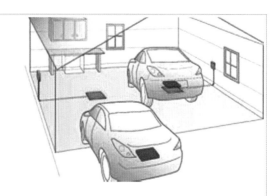

汽油車必須加油才能行進，因此無論偏鄉、都會，只要有路的地方就有加油站，而電動車呢？需要充電站，因此人們第一個直覺的解決方案，就是在現有的加油站附設充電站，這是一個錯誤的邏輯思考，汽車必須去加油站加油是因為家中或一般公共場所不適合建立儲油槽，會構成公共安全問題，但在家中或公共區域設立充電樁卻非難事，唯有提供方便的充電裝置，電動車才有可能普及，目前歐盟已立法規定新建築物必須提供電動車充電裝置，舊建築物也必須於 5 年內改進增設。

Tesla 目前在全球各地廣設超級充電站，與高級飯店、商場合作設立，達到 Tesla、企業、電動車主 3 贏的局面，超級充電站 15 分鐘即可充電 250 公里行程，續航能力也已超過 1,000 公里，旅程焦慮也成為歷史問題了！

另一項更激進法令是禁售燃油車，目前挪威、荷蘭是 2 個最進步的國家，已經頒布 2025 年禁售燃油車法令，標示燃油車即將走入歷史，而台灣實施的時間訂在 2040 年，擺明的是以拖待變，唯有靠民間企業自立自強。

道路運輸革命

自動駕駛是科技問題，因此訂出了 L0~L5 的技術規範，同時卻也是法律、道德問題，這時就有理說不清了：

1. 自動駕駛無法達到 100% 的安全性！

   莊孝維：人類駕駛有被要求安全性 100% 嗎？

2. 自動駕駛若發生事故誰該負責任？

   莊孝維：人開車發生事故不是一樣有交通仲裁嗎？

自動駕駛雖然無法達到 100% 安全性，但根據統計數字，安全性比人類駕駛高出太多，所以當技術成熟後採用自動駕駛是必然的選擇，以上兩個問題都是無病呻吟，政府需要做的是立法與執行，審慎制定車輛自動駕駛的規範，並立法界定事故發生的責任歸屬，讓企業投資、人民生活、政府執法都有遵循的依歸，這將會是又一次的產業革命。

TESLA：經營公司 vs. 產業

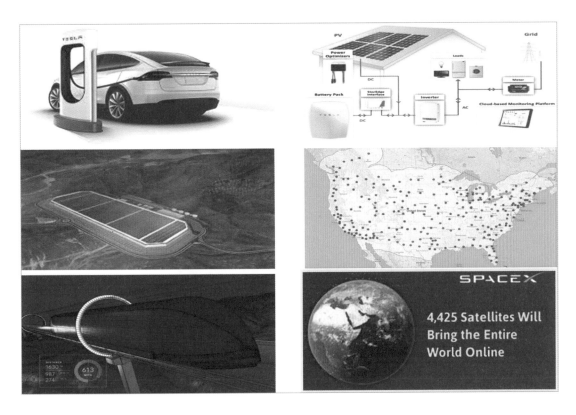

TESLA 除了完整、縝密的行銷計劃，更具備超強產業布局能力，列舉如下：

1. 與 Panasonic 合作建立全球最大鋰電池工廠，並開發最先進電池能源管理系統。

2. 與全球商場、飯店、餐廳、停車場合作，建立電動車充電椿，提高長途旅程的充電便利性。

3. 研發無人自動駕駛系統，讓車輛蛻變為人工智慧的交通工具，就如同 APPLE 智能手機顛覆傳統手機的劇碼一般。

4. 目前在中國、歐洲分別設立海外大型車廠，以避免各國貿易保護的干擾。

5. 併購 SolarCity 太陽能系統公司，提供：電動車充電 → 家庭用電 → 企業、政府備用電源系統，展開一系列的綠能科技的延伸。

Elon Musk 目前更提出無人出租車的戰略構思，消費者買一部 TESLA，除了自用外，閒置時間可以自行開出去接單賺錢，瘋狂嗎？

習題

( ) 1. 以下哪一家公司是全球電動車領導廠商？

    (A) TOYOTA   (B) BENZ

    (C) BMW   (D) TESLA

( ) 2. 以下有關 TESLA 執行長伊龍馬斯克的敘述，哪一個項目是錯誤的？

    (A) 擁有雙博士學位

    (B) 被稱為現實版鋼鐵俠

    (C) 最具爭議話題的企業家

    (D) 筆者眼中最傑出的行銷專家

( ) 3. 以下哪一個項目是 Tesla 引發變革的重要意涵？

    (A) 馬達替代引擎   (B) 全車智能化

    (C) 電力替代燃油   (D) 全車電子化

( ) 4. 以下有關 TESLA 電池的敘述，哪一個項目是錯誤的？

    (A) 續航能力超過 1000KM

    (B) 電池壽命超過 100 萬公里

    (C) 採用大型電池

    (D) 擁有電池管理專利技術

( ) 5. 以下哪一個項目是 TESLA 的平民車種？

    (A) Model Y   (B) Model S

    (C) Model X   (D) Model 3

( ) 6. 以下哪一個國家禁售燃油車實施日期最晚？

    (A) 台灣   (B) 中國

    (C) 印度   (D) 挪威

( ) 7. 車輛自動駕駛安全等級共分為幾級？

    (A) 3 級   (B) 5 級

    (C) 7 級   (D) 9 級

( ) 8. 以下哪一家企業不屬於伊龍馬斯克所建立的帝國？

    (A) Space X   (B) Solar City

    (C) Waymo   (D) boring company

專案 2：電商帝國

1. Amazon 以電商起家

2. 為確保商品庫存，在全美建立大型倉儲中心

3. 為加強物流配送效率，致力於高度自動化物流系統研發

4. 為方便消費者購物，不斷投入科技創新研發

5. 為方便企業內部創新，開發出雲端服務 AWS，獲利超過全公司 70%

6. 2020 年 Amazon 旗下的自動車駕駛技術開發公司 ZOOX 發表了都會用全自動駕駛電動計程車「Robotaxi」

一家以創新為核心競爭力的企業，事業版圖既深又廣，所有的競爭著只能跟在屁股後遙望車尾燈，它的靈魂人物貝佐斯，從小懷抱征服太空的雄心壯志，而 Amazon 不過是貝佐斯用來籌措外太空探險所需經費的事業體，2021 年貝佐斯辭去 Amazon 的 CEO 職位，專心投入 Blue Origin 太空公司的事業經營。

貝佐斯的不凡

"Entrepreneurs must be willing to be misunderstood for long periods of time."

~ Jeff Bezos, Amazon

| 資優學生 | 26歲華爾街
金融副總 | 30歲加州
車庫創業 | 市值超過
1兆美元 |

貝佐斯名言：「企業家必須甘於忍受長期的誤解！」，為什麼呢？因為成功的企業著眼於 10 年或是更長遠的未來發展，長遠的未來卻是凡人看不懂的未知，因此必然不被理解，20 年前 Amazon、今天的 TESLA 都是被華爾街分師唱衰而今日成為傳奇的成功企業。

貝佐斯從小就是個資優生，大學畢業以第一名成績代表畢業生致詞，26 歲任職華爾街大型金融機構副總，但卻在人生事業巔峰時刻，30 歲離開華爾街前往加州，拋開既有的一切從車庫創業重新出發，若是你⋯，你自己有這種膽識、你的家人會同意支持嗎？果然⋯，亞洲傳統思維無法教育出創新的 CEO。

【華爾街大型金融機構副總】是一般凡人的終身目標，而貝佐斯所選擇的卻是不凡中的不凡，Amazon 王國已是全球頂尖企業，貝佐斯放棄穩定發展的舒適生活圈，跳入完全未知的創新未來，不計世人毀譽，堅持創新初心，這就是成就美國夢（American Dream）的超凡價值觀！

飛輪理論 → 營業增長 → 壟斷通路

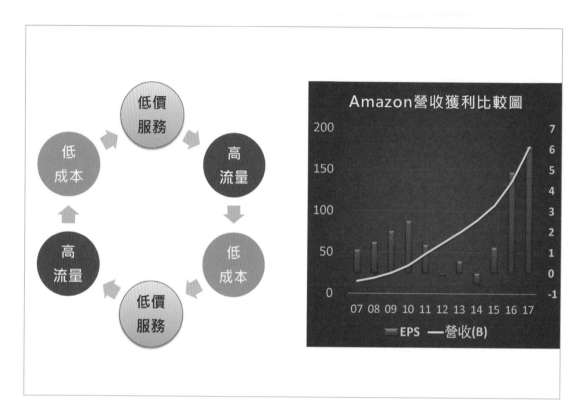

財務報表是傳統的公司經營指標：資產負債、現金流量、損益、EPS，這樣的指標充其量只是保守、穩健指標，對於新創企業、創新商業模式的公司是毫無意義的，因為財務報表為一個年度週期的營運報告，為了討好投資者、華爾街分析師，公司經營決策大多遷就短期目標，一家公司若 EPS 很高，傳統的解讀是經營績效好，但仔細思考就會發現是「短期」績效好，以下是 Amazon 的創新商業模式：

⊙ 著眼於永續經營，賺 1 元投資 10 元、賺 10 元投資 100 元，不斷的投資、研發，逐漸形成資本、技術的競爭門檻。

⊙ 以「客戶滿意」為企業中心思想，為提供客戶更低價格，不斷降低售價，免費配送到府、提供各式各樣優惠方案，更無所不用其極的壓低供應商的價格，然後進一步再降價給客戶，更利用美國各州稅法的差異性，為消費者節省消費稅，塑造 Amazon 是業界最低價的概念。

以創新為企業核心競爭力

Amazon 能夠成為全球最大電子商務公司，最主要的優勢來自於不斷的創新、蛻變，以明天的 Amazon 取代今天的 Amazon，最經典的案例便是開創電子書市場。成為全球最大網路書商之後，Amazon 並沒有停下腳步，網路上賣實體書絕對不是最佳方案，因為「書」是資訊的傳遞，而實體書就是將資訊印在一堆紙上，若透過網路傳遞書籍內容，使用行動裝置顯示書籍內容，那根本就不需要列印成實體書了，以電子書取代實體書將產生以下效益：

1. 提高時間效率，一本電子書下載不超過 30 秒，隨時隨地可下載。
2. 無印刷成本、物流成本。
3. 書籍內容改版成本低、效益高。
4. 電子書價格遠低於實體書，獲得消費者認同。

此方案成功的最大關鍵，在於 CEO 貝佐斯對於科技創新的堅持，他任命原實體書籍銷售部門主管，為新創電子書部門主管，給予唯一任務：「設法打趴實體書銷售部門」，這是多麼偉大的遠見與胸懷。

以物流為 O2O 整合利器

成功佔領網路購物的 Amazon，將發展的目標移動至實體商店，需要消費者體驗的商品，例如：鞋子、衣服、飾品、生鮮、食品、…，網站上的圖片、影片無法取代體驗感覺的商品，相同的商品對於不同消費者有極大的體驗差異：顏色、尺寸、材質、新鮮度、食品衛生、…，問題真不少。

Amazon 強大的物流體系提供兩個優勢：

⊙ 2 天內到貨保證。

⊙ 不滿意即可退貨，不需理由。

消費者訂購商品時沒有任何心理負擔，不需負擔任何費用，網路上看到喜歡就下訂，不滿意就退貨，在家裡就可體驗商品，何樂而不為！

物流的規模經濟、成本控制沒有人比的上 Amazon，這也是 Amazon 可以讓消費者把商品體驗搬回自己家中的致勝關鍵。

以客為尊的科技創新

今天大家使用 APP 上網購物，一指搞定十分便利，那是因為所有廠商都使用 Amazon 開發的一鍵下單專利技術，除此之外：一按下單、一說（一掃）下單、一拍下單、管家下單、…（請參考上圖、教學影片），Amazon 竭盡洪荒之力就是達到以消費者為尊的目的，而其手段就是科技創新。

鴻海企業創始人郭台銘有句名言：「成功的人想方法，失敗的人找藉口」，在商業競爭環境中人人都知道【以客為尊】，但用嘴巴說的居多，當多數企業身陷於以下常見的客訴問題時：購物流程不貼心、客服人員不親切、網頁說明不詳細、售後服務不及時、…，Amazon 卻是以科技創新服務讓消費者驚艷連連，在一連串的科技創新問世之後，許多人開始質疑：「Amazon 是電商公司嗎？」，一鍵下單 → 商務軟體公司，家庭數位助理 → 物聯網公司，AWS → 雲端服務公司，其實這一切都是為了【以客為尊】的目的所研發的：技術 → 產品 → 服務。

運算資源整合

Amazon 是一家科技創新公司，CEO 貝佐斯鼓勵各單位積極提出創新方案，而每一個創新提案勢必需要資訊系統的支援，在傳統資訊管理系統下，硬體、軟體需求的大幅度成長，對 Amazon 資訊部門的管理形成極大的壓力。

貝佐斯要求資訊團隊研發新型態資訊系統架構，任務如下：

1. 讓所有新創系統可以彈性增加：軟體、硬體

2. 系統間可獨立運作，不會因為一個系統崩壞而使整體系統當機

3. 全球各單位均可分享此系統

於是 Amazon Web Service 橫空出世，對於中小型新創企業、全球化企業的海外新創方案而言，AWS 無疑是最佳的資訊系統建構方案，一個因為企業內部創新需求而衍伸出來的暢銷服務，如今 Amazon 整體獲利 70% 來自於 AWS，AWS 更是雲端服務產業的龍頭廠商，將所有跟進的競爭者遠遠甩在後頭。

Amazon 投資哲學

Amazon 投資哲學：

1. 將創新投資分為 2 類：

   A. 無法退縮的（公司的未來）

   B. 可以退縮的（行不通，那就算了）

2. 未確定方案可行之前，不投入大錢。結果：輸小錢、賺大錢

3. 投入最大金額，讓競爭對手無力負擔。

（傳統思維：投入最小金額，取得最大競爭優勢）

華爾街那些接受傳統教育的分析師，看不懂偉大企業家的商業布局，不斷質疑 Amazon 是燒錢的企業、就快要倒閉了…，應驗了 CEO 貝佐斯說的：「偉大的企業家必須樂於被長時間誤解！」。

習題

( ) 1. 以下哪一項產品是 Amazon 目前獲利最高？

    (A) 電子商務   (B) Blue Origin

    (C) 電子書   (D) AWS

( ) 2. 以下有關 Amazon 創始人的敘述，哪一個項目是錯誤的？

    (A) 名子：Elon Musk

    (B) 從小就是資優生

    (C) 曾擔任華爾街金融公司副總裁

    (D) 在加州車庫中創業

( ) 3. 以下哪一個項目不是 Amazon 飛輪理論中的項目？

    (A) 提高業績   (B) 提高獲利

    (C) 降低成本   (D) 降低售價

( ) 4. Amazon 能夠成為全球最大電子商務公司，最主要的優勢來自於？

    (A) 成本   (B) 獲利

    (C) 創新   (D) 價格優勢

( ) 5. Amazon 提供在家體驗商品的服務，最主要的支援力道來自於？

    (A) 以客為尊的信念   (B) 高科技創新

    (C) 財力雄厚   (D) 規模經濟的物流

( ) 6. APP 購物一鍵下單的專利技術源自於哪一家公司？

    (A) Amazon   (B) Google

    (C) Walmart   (D) Apple

( ) 7. 以下哪一個項目是 Amazon 的雲端服務英文簡寫？

    (A) APS   (B) AWS

    (C) Autopilot   (D) Awesome

( ) 8. 以下有關 Amazon 投資哲學的敘述，哪一個項目是錯誤的？

    (A) 未確定方案可行之前，不投入大錢

    (B) 建立競爭門檻，讓對手無力負擔

    (C) 華爾街分析師對 Amazon 極為推崇

    (D) 非關公司未來的投資，有 10% 勝率就下注

專案 3：Covid-19

Covid-19 是一種可以透過飛沫傳染的病毒，2019 年 12 月在中國武漢產生大規模感染後，迅速擴散全球，各國政府紛紛展開防疫大作戰：

關廠	為避免群聚感染，因此關閉工廠，造成各項物資生產工廠停工，供應鏈斷鏈。
封城	為避免病毒擴散、入侵，許多城市宣布封城，造成交通、運輸中斷。
鎖國	為避免病毒由境外傳入，需多國家宣布邊境管制，造成全球航空業停擺，商務交流、觀光旅遊全面中斷。

因為疫情，生產、運輸都受到嚴重的影響，全球分工的運作模式受到挑戰，防疫物資、戰略物資受到各國政府高度重視，從口罩 → 醫護用品 → 疫苗，各國都在恐慌中採取禁止出口政策，嚴重影響全球物流的運作，更產生了全球貨櫃短缺的問題…

全球化 vs. 戰略物資

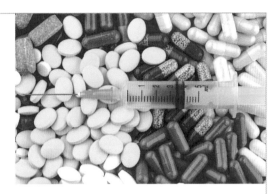
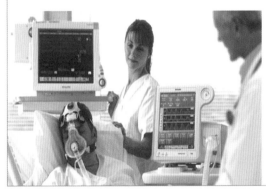
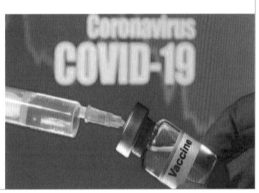

口罩	疫情發生前醫療口罩是低產值的產業，台灣大多數的口罩工廠都將產線外移至中國，台灣只留下高階口罩的生產線，因此疫情爆發後一罩難求，先進國家更是嚴重。
醫療器材	與口罩相同，但先進國家的工業基礎深厚，因此各大企業快速變更生產線，快速組裝出呼吸機。
醫藥原料	疫情前原料藥生產同樣集中在中國、印度，全球物流中斷後，造成先進國家醫療缺藥的危機。
疫苗	目前擁有疫苗的國家只有：美國、德國、英國、中國、俄羅斯，共產國家的資訊不透明，因此疫苗的安全性、防疫效果也大受質疑，在僧多粥少的情況下，各先進國家政府都採取本國人利益優先的政策，英國、歐盟、美國都相繼宣布疫苗管制計畫。

【全球分工 → 全球產業鏈 → 全球物流】將因新冠疫情進行重整！

民生經濟

群聚會造成感染與病毒擴散，中國、歐洲某些國家採取較為激進的管制手段：封城，人員、交通全部中斷，最嚴重的是經濟也斷了！一般的國家採取關閉餐廳內用、商場管制人口的措施，讓經濟維持基本運作，2020 年疫情控制最好的算是台灣，除了邊境管制：自主隔離 14 天之外，所有國內經濟活動維持正常，唯一不方便就是戴口罩而已，台灣 2020 年 GDP 成長率也因此躍升為全球主要國家第 1 名。

疫情來襲，許多產業受到重創：餐飲業店內用餐人口大減、運動健身中心興起一波倒閉潮、門市零售業生意慘淡、觀光夜市冷冷清清、國際機場內免稅商店幾乎停擺、…

人只要活著就必須活動、必須消費，只是換個方法、換個通路：電子商務更普及了、餐飲外送大受歡迎、Zoom 遠距教學軟體大行其道、高科技業者實施員工在家上班、家用運動器材狂銷、偽出國旅遊行程大爆滿。

國際飛航

疫情全球肆虐的情況下，各國都採取嚴控邊境的措施，因此第一個受創最嚴重的產業就是航空客運，所有國際機場的大廳都是空空蕩蕩的，客運航班大幅縮減，因為在密閉的機艙內受到感染的機率相對偏高，即使是國內航班、商務旅行也盡可能避免。

但另一方面，航空貨運由於客機班次減少，航空貨運供給量大幅降低（很多班機是貨、客兩用），因此航空運費暴漲，所多航空公司更趁機將客運改為貨運，除此之外，承攬大宗貨物的海運，因為全球工廠停工，產生連鎖效益：工廠停工 → 預期景氣低迷 → 消費降低 → 運輸需求下降 → 減少新建貨櫃、貨輪，造成全球海運運能嚴重不足 → 海運運費大幅飆漲 → 進口物資價格大漲。

Covid-19 讓全球商務的發展再次面臨抉擇，將所有的雞蛋放在同一個籃子中（100% 全球分工），完全靠全球運籌來調動物資的模式，是否真的符合最大商業利益原則。

Work from home

辦公室是一個相對大的群聚場合，若有人在辦公室染疫，回到家中勢必傳給家人（反之亦然），因此歐美先進國家紛紛對辦公大樓提出疫情管制方案，以防制病毒擴散，辦公大樓內的企業也相對提出員工在家工作（work from home），以筆者女兒目前在美國加州的工作舉例如下：

1. 關閉整個辦公大樓，進行全面消毒 → 全體員工改為在家工作。

2. 全體員工進行核酸篩檢，取得未受感染證明者方可進入辦公大樓。

3. 企業內將員工區分為：內勤作業、外勤作業，以業務人員為例就屬於外勤人員，是沒有進辦公室絕對必要的，就全部採取在家工作。

4. 在家工作者，利用視訊軟體進行線上會議，使用通訊軟體與客戶接洽，使用企業系統查庫存、輸入訂單、…。

辦公室運作方式改變了，通訊軟體取代了實體溝通，更紓解了交通運輸：在家工作 → 降低了交通尖峰，更促進了電子商務 → 物流配送。

管制物資配送系統

口罩實名制	預購方式	付款方式	領取方式
1.0 實體通路	藥局、衛生所、 健康中心	付現	當場領
2.0 網路通路	eMask 口罩預購系統、 健保快易通 APP	ATM轉帳 信用卡刷卡	四大超商及 全聯、美廉社
3.0 超商預購 (4月22日起)	超商插卡	超商繳費	預定取貨超商

新冠疫情發生之前，口罩並不是生活必需品，政府組織了口罩生產團隊後，在初期產量不足的情況下，要如何有效率地將有限的資源分配給民眾呢？

第 1 階段	徵召全國藥局、衛生所、…，作為口罩分配窗口，由於各藥局每日配送口罩數量有限，造成街頭巷尾排隊買口罩的奇景，政府同步開發口罩地圖 APP，標示各藥局口罩存量。
第 2 階段	徵召國內大型連鎖超商，以 APP 網路預購、信用卡（ATM）轉帳、超商取貨，免除上班族排隊之苦。
第 3 階段	利用連鎖超商自動化機器（例如：7-11 的 i-bon），以健保卡在機器上做預購口罩的驗證，並在超商取貨，徹底解決口罩之亂。

以上 3 個階段都是在跟時間賽跑，一邊做一邊改，循序漸進式的優化作業流程，有條不紊，是一種先求有、再求好的優化策略！

完善的健保資料系統搭配：藥房通路、超商通路，就是致勝關鍵！

習題

( ) 1. 以下有關 Covid-19 的敘述，哪一個項目是錯誤的？

  (A) 可以透過飛沫傳染   (B) 爆發於 2019 年

  (C) 嚴重影響全球物流運作 (D) 戴口罩即可防範傳染

( ) 2. 以下哪一個項目不是防疫戰略物資？

  (A) 衛生紙   (B) 口罩

  (C) 呼吸機   (D) 疫苗

( ) 3. 以下有關防疫期間民生經濟的敘述，哪一個項目是錯誤的？

  (A) 觀光夜市蕭條   (B) 國內旅遊蕭條

  (C) 伴手禮商品蕭條   (D) 實體零售蕭條

( ) 4. 以下有關防疫期國際飛航的敘述，哪一個項目是錯誤的？

  (A) 客機事業蕭條   (B) 免稅店蕭條

  (C) 貨機事業蕭條   (D) 海外旅行社蕭條

( ) 5. 以下有關 Work from home 的敘述，哪一個項目是錯誤的？

  (A) 紓解道路交通負荷   (B) 改變個人工作方式

  (C) 改變企業溝通方式   (D) 所有國家手忙腳亂

( ) 6. 以下有關防疫期間管制物資配送系統的敘述，哪一個項目是錯誤的？

  (A) 標準程序一步到位

  (B) 藥房在第一階段擔負重任

  (C) 百姓的配合是系統成功的關鍵因素

  (D) 完整的超商體系是第三階段的致勝關鍵

習題解答

Chapter 1 物流是什麼？

1. A	2. B	3. C	4. D	5. A	6. B
7. C	8. D	9. A	10. B	11. C	12. D
13. A	14. B	15. C	16. D		

Chapter 2 生活的物流

1. A	2. B	3. C	4. D	5. A	6. B
7. C	8. D	9. A	10. B	11. C	12. D
13. A	14. B	15. C	16. D	17. A	18. B
19. C	20. D	21. A			

Chapter 3 倉儲管理

1. B	2. C	3. D	4. A	5. B	6. C
7. D	8. A	9. B	10. C	11. D	12. A
13. B	14. C	15. D	16. A	17. B	18. C
19. D	20. A	21. B	22. C	23. D	24. A
25. B	26. C	27. D	28. A	29. B	

Chapter 4 運輸

1. C	2. D	3. A	4. B	5. C	6. D
7. A	8. B	9. C	10. D	11. A	12. B
13. C	14. D	15. A	16. B	17. C	18. D
19. A	20. B	21. C	22. D	23. A	24. B
25. C	26. D	27. A	28. B	29. C	30. D
31. A	32. B	33. C	34. D	35. A	36. B
37. C	38. D	39. A			

Chapter 5   自動化物流中心

1. B   2. C   3. D   4. A   5. B   6. C
7. D   8. A   9. B   10. C   11. D   12. A
13. B   14. C   15. D   16. A

Chapter 6   科技 → 物流創新

1. B   2. C   3. D   4. A   5. B   6. C
7. D   8. A   9. B   10. C   11. D   12. A
13. B   14. C

Chapter 7   全球化分工

1. D   2. A   3. B   4. C   5. D   6. A
7. B   8. C   9. D   10. A   11. B   12. C
13. D   14. A   15. B   16. C   17. D   18. A
19. B   20. C   21. D

Chapter 8   電商 ⟷ 物流

1. A   2. B   3. C   4. D   5. A   6. B
7. C   8. D   9. A   10. B   11. C   12. D
13. A   14. B   15. C   16. D   17. A   18. B
19. C

Chapter 9   專案 1：電動車

1. D   2. A   3. B   4. C   5. D   6. A
7. B   8. C

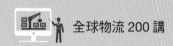

Chapter 10　專案 2：電商帝國

1.　D　　2.　A　　3.　B　　4.　C　　5.　D　　6.　A
7.　B　　8.　C

Chapter 11　專案 3：Covid-19

1.　D　　2.　A　　3.　B　　4.　C　　5.　D　　6.　A

全球物流
Global Logistics

全球物流 200 講

作　　者：林文恭 / 吳舜丞
企劃編輯：郭季柔
文字編輯：江雅鈴
設計裝幀：張寶莉
發 行 人：廖文良

發 行 所：碁峰資訊股份有限公司
地　　址：台北市南港區三重路 66 號 7 樓之 6
電　　話：(02)2788-2408
傳　　真：(02)8192-4433
網　　站：www.gotop.com.tw
書　　號：AER057300
版　　次：2021 年 04 月初版
建議售價：NT$390

國家圖書館出版品預行編目資料

全球物流 200 講 / 林文恭, 吳舜丞著. -- 初版. -- 臺北市：碁峰資
　訊, 2021.04
　　面；　公分
　ISBN 978-986-502-775-9(平裝)
　1.物流管理
496.8　　　　　　　　　　　　　　　　110004407

讀者服務

● 感謝您購買碁峰圖書，如果您對本書的內容或表達上有不清楚的地方或其他建議，請至碁峰網站：「聯絡我們」\「圖書問題」留下您所購買之書籍及問題。(請註明購買書籍之書號及書名，以及問題頁數，以便能儘快為您處理)
http://www.gotop.com.tw

● 售後服務僅限書籍本身內容，若是軟、硬體問題，請您直接與軟、硬體廠商聯絡。

● 若於購買書籍後發現有破損、缺頁、裝訂錯誤之問題，請直接將書寄回更換，並註明您的姓名、連絡電話及地址，將有專人與您連絡補寄商品。